Das neubegründete

Laboratorium für angewandte Chemie

an der Universität Leipzig.

Das neubegründete

Laboratorium für angewandte Chemie

an der Universität Leipzig.

Von

Dr. Ernst Beckmann, und **Dr. Theodor Paul,**
o. Professor an der Universität Leipzig. a. o. Professor an der Universität Tübingen.
Direktor des Institutes. (Früher I. Assistent des Institutes.)

Mit 8 in den Text gedruckten Figuren und einer Grundriss-Tafel.

Springer-Verlag Berlin Heidelberg GmbH

1899.

Additional material to this book can be downloaded from http://extras.springer.com.

ISBN 978-3-662-38863-1   ISBN 978-3-662-39789-3 (eBook)
DOI 10.1007/978-3-662-39789-3

Vorwort.

Vielfache Anfragen über die Aufgaben und Einrichtungen der neugeschaffenen Professur bezw. des neubegründeten Laboratoriums für angewandte Chemie an der hiesigen Universität haben Veranlassung gegeben, darüber in vorliegendem Schriftchen nähere Auskunft zu ertheilen. Ursprünglich war eine solche Veröffentlichung nicht beabsichtigt, da die Professur auf bereits Ueberkommenem fusste und das Institut in schon vorhandenen Räumlichkeiten eingerichtet wurde.

Die Räume des Laboratoriums nehmen das Parterre und halbe Souterrain des Landwirthschaftlichen Institutes ein, welches in den Jahren 1878/79 erbaut worden ist. Zunächst wurde darin die von Prof. Knop geleitete Abtheilung dieses Institutes untergebracht. Im Jahre 1887 übernahm Prof. W. Ostwald diese Räume behufs Errichtung des II. chemischen Laboratoriums, welchem neben den Aufgaben eines chemischen Unterrichtslaboratoriums insbesondere die Pflege der physikalischen Chemie und der pharmaceutischen Chemie zufielen. Die mächtige Erstarkung der physikalischen Chemie unter Prof. Ostwald liess dieses Laboratorium bald als ungenügend erscheinen und forderte die Errichtung eines besonderen speciell für diese Zwecke eingerichteten Gebäudes.

Ein grosses modernes physikalisch-chemisches Institut ist in der Linnéstrasse erbaut und im Herbst 1897 von Prof. Ostwald bezogen worden. Die Räume des früheren II. chemischen Laboratoriums wurden dem neuernannten Ordinarius für angewandte Chemie überwiesen.

Um dieses Institut für die Zwecke der angewandten Chemie einzurichten, war zu berücksichtigen, dass die zunächst vorhandenen Räume durchaus nicht ausreichten, um allen Disciplinen dieses Wissensgebietes Unterkunft zu sichern. Studirende der Pharmacie und Medicin, für welche schon früher im II. chemischen Laboratorium einzelne Uebungen und Vorlesungen abgehalten worden waren, mussten jedenfalls eine weitergehende Unterweisung finden, und sodann waren, wie in jedem chemischen Laboratorium, vorbereitende Practica für die später sich anschliessenden speciellen Arbeiten unentbehrlich.

Der grosse Zudrang von Studirenden bei Eröffnung des Instituts und der sich herausstellende Platzmangel haben verhindert, besondere Räume für quantitative Analyse, Gasanalyse, Elektrolyse, Nahrungsmittelchemie, technische Chemie, technologische Sammlungen, Wohnungen für Assistenten und Diener etc. einzurichten. Zum Glück ist begründete Aussicht vorhanden, dass vom Königlichen Staatsministerium diesem Uebelstand und dem allgemeinen Platzmangel durch Hinzuziehung neuer Räume in absehbarer Zeit abgeholfen werden wird.

Gelegentliche Besucher wie Studirende des Laboratoriums werden dieses Schriftchen vielleicht als Erinnerung willkommen heissen und auch für Fachgenossen, welche ähnliche Institute einzurichten haben, dürfte es nicht ganz ohne Werth sein.

Inhalt.

I.

Entwickelung und Aufgaben der angewandten Chemie.

Antrittsvorlesung

gehalten am 14. Mai 1898 in der Aula der Universität

von

Prof. Dr. Ernst Beckmann,

Direktor des Institutes.

Hochansehnliche Versammlung!

Verehrte Kollegen und liebe Kommilitonen!

Die angewandte Chemie, welche schon früher bei den Vorlesungen an unserer Universität nach mehreren Richtungen hin Berücksichtigung gefunden hat, ist an derselben nunmehr zu einer selbstständigen Disciplin erhoben worden. Leipzig besitzt, vielen anderen Universitäten voraus, ein Ordinariat und ein Laboratorium für angewandte Chemie. Während im früheren „zweiten chemischen Laboratorium" physikalische Chemie und Zweige der angewandten Chemie sich gegenseitig räumlich beengten, ist nunmehr jeder dieser Disciplinen ein eigenes Heim zu Theil geworden und damit die Möglichkeit zu reicherer Entfaltung gegeben.

Der von der philosophischen Fakultät empfohlenen Neuorganisation der Chemie nahm sich das Königliche Staatsministerium in der fürsorglichsten Weise an. Seine Excellenz der Staatsminister Herr Dr. v. Seydewitz und Herr Geheimer Rath Dr. Waentig haben sich durch vorhandene Schwierigkeiten nicht davon abhalten lassen, die Mittel zur Verfügung zu stellen, welche für eine moderne Einrichtung des Laboratoriums für angewandte Chemie unumgänglich nöthig erschienen. Seiner Excellenz und Herrn Geheimen Rath schulde ich für dieses Entgegenkommen den aufrichtigsten Dank.

Mit Freuden benutze ich auch die Gelegenheit, dem Universitäts-Rentmeister Herrn Hofrath Ernst Gebhardt den wärmsten Dank auszusprechen. Er hat sich die Neueinrichtung des Laboratoriums in hohem Maasse angelegen sein lassen und dieselbe derart beschleunigt, dass bereits mit Beginn des Wintersemesters 1897/98 im ganzen Institute der Unterricht beginnen konnte. Gleichfalls gebührt Herrn Bauinspektor Julius Mosch für die sachkundige

Bauleitung besondere Anerkennung. In hohem Maasse bin ich weiter dem ersten Assistenten des Institutes, Herrn Privatdocenten Dr. Theodor Paul für seine eifrige und werthvolle Unterstützung mit Rath und That dankbar. Auch die Herren Assistenten Dr. Reckleben, Dr. Hartmann, Dr. Ranzenberger und cand. Wicke haben nach Kräften zur zweckmässigen Ausgestaltung ihrer Abtheilungen wie des Ganzen beigetragen.

Ich habe das Glück, der Vertreter einer populären Disciplin zu sein. Die chemischen Errungenschaften kommen gewöhnlich erst dann zur öffentlichen Kenntniss, wenn sich aus denselben praktische Anwendungen ergeben. Da wird Aluminium, welches früher kaum praktische Bedeutung hatte, plötzlich in grossen Quantitäten auf den Markt geworfen; dann erscheint wieder überraschend ein früher nur Fachchemikern bekanntes Gas, das Acetylen, und erklärt dem Leuchtgas und allen früheren Beleuchtungsmaterialien den Krieg. Immer wieder erscheint die Kunde von neuen Arzneien. Der Kranke wartet in Spannung, wann ihm vom Chemiker und Arzt das Mittel kommt, welches ihm helfen soll. Grosses öffentliches Interesse nimmt die chemische Lebensmittelkontrole in Anspruch. Auch Krieg und Frieden liegen zum Theil in der Hand des Chemikers; wer das beste Pulver, die besten Sprengmittel hat, erscheint im Kampf als der gefährlichste Gegner.

Solche Utilitätsgründe sind es auch in erster Linie Jahrtausende hindurch gewesen, welche Veranlassung gaben, sich mit gelegentlich beobachteten chemischen Vorgängen weiter zu beschäftigen. Die Chemie der Alten gehört deshalb fast ganz zum Bereich der angewandten Chemie. Jede Entdeckung wurde streng als Geheimniss gehütet, von dem nur der Zufall den Schleier auch wieder nur für den Einzelnen lüftete. So bildete sich ein Kreis von Eingeweihten gegenüber den Laien, und die Chemiker erscheinen als unheimliche Zauberer. In Egypten sehen wir die Chemie in den Händen der Priester. Als geeignetes Mittel, die Geister zu beschwören und zu beschäftigen, hat sie, wie wir ja wissen, bis in's Mittelalter hinein gegolten. Die trefflich konservirten Mumien, sowie Geräthe aus Metall, Thon, Glas sind Zeugen für einzelne altersgraue Erfahrungen in pharmaceutischer und technischer Chemie. Während mehr denn tausend Jahren bis zum Anfang des 16. Jahrhunderts war die Chemie

in den Händen von Alchemisten, oder fahrenden Goldköchen, wie
sie Liebig nannte. Unklare Vorstellungen über die Aenderungen
der Eigenschaften der Körper bei chemischen Manipulationen ver-
leiteten zu Versuchen, auch die äusserlich schon ähnlichen Metalle
ineinander und besonders in Gold und Silber überzuführen. Das
viele Experimentiren auf gut Glück lieferte bisweilen statt des Goldes
einen anderen praktischen Erfolg. Wie bekannt, verdankt unser
Meissener Porzellan die Entstehung dem Alchemisten Böttger. Man
gewann auch vermehrte Kenntnisse über Metalle, Salze, Basen,
Säuren, aber für den langen Zeitraum will das nicht allzuviel sagen.

Nunmehr geräth man für 100 Jahre mit der Chemie in medicinische Bestrebungen, nicht mit viel mehr Erfolg. Die Pharmacie
beginnt damit sich zu entwickeln. Während man sich früher darauf
beschränkte, mit den nach Galen noch heute sogenannten Galeni-
schen Mitteln: Kräutern, Säften, Syrupen zu kuriren, lässt Paracelsus
keinen chemischen Stoff arzneilich unversucht. Er scheute auch
vor gefürchteten Giften, wie Quecksilber- und Antimonverbindungen
sowie Bleizucker nicht zurück. Von einem technischen Fortschritt
dieser Zeit legt z. B. das heutzutage wieder stark verbreitete vene-
tianische Glas Zeugniss ab.

In den besprochenen langen Zeiträumen, worin die Bestrebungen im Sinne der angewandten Chemie die maassgebenden
waren, sind wohl manche für die chemische Industrie wichtige, ja
grundlegende Erfindungen gemacht worden, zweifellos würde aber
die Entwickelung viel schneller und stetiger erfolgt sein, wenn nicht
durch einen wenig geeigneten Boden viele Arbeiten und zahllose
Versuche unfruchtbar geblieben wären. Man steckte noch zu tief
in den althergebrachten, zum Theil mystischen, verwirrenden Anschauungen, um für neu beobachtete Thatsachen ein offenes Auge
und klares Verständniss zu haben. Allmählich machte sich das Be-
dürfniss mehr und mehr geltend, über Natur und Zusammensetzung
der Stoffe neue Vorstellungen auszubilden. Leider gerieth man dabei
zunächst auf neue Irrwege. Man glaubte, auf den Augenschein hin,
dass beim Brennen von Körpern etwas daraus entweiche, was man
Phlogiston nannte, während ja thatsächlich etwas aufgenommen wird,
Sauerstoff, und ein scheinbares Verzehrtwerden der brennenden Substanz nur darauf beruht, dass die Verbrennungsprodukte Gasform

besitzen. Etwa 120 Jahre vergingen, ehe man sich der Täuschung bewusst wurde. Auch diese Zeit der Herrschaft des Phlogistons war der Entwickelung der angewandten Chemie nicht günstig. Zwar begegnen wir einem systematischeren Studium der chemischen Vorgänge, es bilden sich die Begriffe von Analyse und Reagentien aus, aber immer wieder stellt sich der einfachen Deutung der Erscheinungen das Phlogiston verwirrend in den Weg.

Das wurde mit einem Male anders, als Lavoisier sich nicht mehr begnügte, die chemischen Vorgänge nur mit sinnlichen Wahrnehmungen, d. h. qualitativ zu verfolgen, sondern begann, durch Zuhülfenahme der Waage auch die quantitative Seite zu berücksichtigen. Damit beginnt eine Entwickelung ohne Gleichen. Naturgemäss handelt es sich zunächst um theoretisches Erkennen und wissenschaftliche Erfolge, aber die Früchte dieser Arbeiten reiften, wie sich bald zeigte, auch für die angewandte Chemie. Die Begriffe des chemischen Elementes erhalten ihren jetzigen Inhalt. Die chemischen Proportionen, d. h. die Gewichtsverhältnisse, in welchen die Elemente sich miteinander zu Verbindungen vereinigen, werden auf's Eifrigste studirt und führen zu der Vorstellung der Atome und der Atomgewichte. Dadurch erhält die analytische Chemie ihre sichere Grundlage und Männer, wie Berzelius, Rose, Liebig, Fresenius, Mohr und Andere haben sie zu einem sicheren Führer zunächst in der anorganischen Welt gemacht.

Während man sich noch gegen Ende des vorigen Jahrhunderts in wissenschaftlichen Abhandlungen abmüht, nachzuweisen, dass die Kieselerde, d. h. unsere jetzige Kieselsäure, verschieden von der Thonerde ist, die Baryterde von der Strontianerde, besitzen wir etwa Mitte dieses Jahrhunderts bereits genaue Kenntniss von der elementaren Zusammensetzung fast aller wichtigeren Bestandtheile unserer Erdkruste. Wie solche erweiterte Kenntniss auf die angewandte Chemie zurückwirkte, mag an einigen Beispielen erläutert werden: Als Liebig Analysen des Ackerbodens ausführte und damit die Analysen der Aschenrückstände verglich, welche die darauf gezogenen Pflanzen lieferten, da zeigte sich, dass z. B. eine Rübenernte dem Hektar Boden 138 kg Kalium entzieht, während der Kaliumgehalt des Bodens ein relativ geringer ist. Liebig zog den allgemeinen Schluss, dass dem Boden, wenn er unverändert

fruchtbar bleiben solle, die Stoffe, welche ihm durch die Ernten ent-
zogen werden, wieder zurückgegeben werden müssten. Seit dieser
Zeit verwendet man mineralischen Dünger. — Damals fehlte es noch
an billigen Kalisalzen, denn das gewöhnlichste, die Pottasche, stellte
man aus den Pflanzen selbst durch Veraschen dar. Liebig's analytische Ergebnisse und Ideen wurden aber sofort im wahren Sinne
des Wortes fruchtbar gemacht, als man in Stassfurt grosse Lager
von Kalisalzen fand.

Gegenwärtig suchen die Mansfelder Werke und mit ihnen die
betheiligte Stadt Leipzig die Liebig'schen Ergebnisse durch neue
Kalisalzfunde auszuwerthen. Deutschland schickt seine Kalisalze
in alle Lande, und wenn man in Havanna feinen Tabak züchten
will, so ist dazu Deutschlands Kali- oder Düngesalz nöthig. Im
Jahre 1896 sind in Stassfurt für 33 Millionen Mark Kalisalze gefördert
worden, von denen 75 Procent in der Landwirthschaft Verwendung
fanden. Seit Liebig führen wir dem Boden auch die in den Pflanzen-
aschen gefundene Phosphorsäure wieder zu. Die deutsche Landwirthschaft verwendet jährlich für mehr als 50 Millionen Mark Phos-
phorsäure-Düngemittel, insbesondere Superphosphat. Zum grossen
Theile werden dieselben von der deutschen chemischen Technik
aus phosphorhaltigen Gesteinsmassen durch Aufschliessung oder
Löslichmachung mit Schwefelsäure gewonnen. Auf den Liebig'schen
Befund hin begann 1841 auch die Einfuhr des bis dahin unbeachtet
gebliebenen Guano, welcher als ein phosphorsäurehaltiges, der Aufschliessung nicht bedürfendes Düngematerial nunmehr sehr werthvoll wurde.

Wie wenig die Tragweite einer Entdeckung sich im Voraus
übersehen lässt, zeigt die spätere Rückwirkung der Liebig'schen
Ideen auch auf die Eisenindustrie. An vielen Orten wurden
Eisenerze gefunden, welche wegen ihres Gehaltes an Phosphorsäure,
die ein brüchiges Eisen bedingt, nicht verwendet werden konnten.
Jetzt sind diese Eisenerze nicht mehr verrufen, im Gegentheil .sehr
geschätzt; denn es ist möglich geworden, die Phosphorsäure nicht
blos durch Entfernung unschädlich zu machen, sondern in Form
von Thomasschlacke der Kunstdüngerindustrie als treffliches Material zuzuführen. In Deutschland werden jährlich für mehr als
15 Millionen Mark Thomasschlacke gebraucht.

Liebig wies weiter nach, dass auch der Stickstoff, welchen die Pflanzen dem Boden entführen, demselben zweckmässig in Form von Ammoniaksalzen und Salpeter wieder ersetzt wird. Früher waren Ammoniaksalze kaum im Handel gewesen, der Salpeter hatte nur zur Darstellung des Schiesspulvers Verwendung gefunden. Jetzt ist man im Stande, das Ammon in grossen Mengen als Nebenprodukt bei der Destillation von Steinkohlen zu gewinnen; aus längst untergegangenen Pflanzengenerationen wird dasselbe auf's Neue der lebenden Pflanze zugeführt. Grosse Salpeterlager in Chile wurden durch die Bedürfnisse der Landwirthschaft erst werthvoll gemacht. So sehen wir in der analytischen Chemie das Hülfsmittel, welches in den unähnlichsten Materialien das Gleichartige erkennt, und mit Hülfe dessen sich die angewandte Chemie vielfach im Stande sieht, ein schwer zugängliches Material durch leichter erreichbares billigeres zu ersetzen.

Gestatten Sie mir noch, an ein paar weiteren Beispielen zu zeigen, wie anorganische analytische Arbeiten in der Technik verwendet worden sind. Bis zum Jahre 1833 war man bei der Darstellung der Schwefelsäure auf sicilianischen Schwefel angewiesen. Die Analyse und daran sich anschliessende Versuche ergaben, dass auch die viel verbreiteter vorkommenden ziemlich werthlosen Kiese und Blenden dazu verwendet werden können. Jetzt wird in Deutschland bei weitem die meiste Schwefelsäure aus Kiesen hergestellt. Die beim Verbrennen der Kiese zunächst entstehende schweflige Säure wird durch Einwirkung von Salpetersäure neben Luft und Wasserdampf beim sogenannten Bleikammerprocess in Schwefelsäure verwandelt. Die Ausübung einer stetigen analytischen Kontrole ermöglicht, den Verbrauch der theuren Salpetersäure auf das nothwendige Maass zu reduciren und hat weiterhin zu Versuchen Veranlassung gegeben, welche die immerhin noch entweichenden Salpetergase dem Betriebe wieder zuführen. Welche Summen durch solche Bestrebungen in der chemischen Technik erspart worden sind, lässt sich nicht annähernd abschätzen.

Die Kiesabbrände sind schliesslich auf Grund analytischer Befunde der Metallbereitung als geschätztes Rohmaterial überwiesen worden. Ein erheblicher Theil der Schwefelsäure wird zur Darstellung von Soda verwendet, in der selbst kein Schwefel vorhanden ist. Wie die Analyse zeigt, findet sich derselbe in den unlöslichen Rückständen, die beim Auslaugen der Soda abfallen. In einer Fabrik von Dieuze konnte der mit der Zeit angesammelte Schwefel auf 43 Millionen Mark veranschlagt werden. Jetzt wird der Schwefel regenerirt und der Schwefelsäurefabrikation immer wieder zugeführt.

Man sieht, dass sich im Anschluss an analytische Arbeiten die verschiedenartigsten anderen Untersuchungen und Nutzanwendungen ergeben.

Aus rein analytischen, wissenschaftlichen Untersuchungen stammt auch unsere erste Kenntniss von Jod und Brom, die neben dem Chlor in winzigen Mengen in Mineralquellen gefunden wurden und bei der Kochsalzbereitung in der werthlosen Mutterlauge verblieben. Jetzt besitzen Jod und Brom grosse industrielle und medicinische Bedeutung, nachdem man andere ergiebigere Vorkommnisse ermittelt hat. Dadurch, dass die Technik Chemikalien in grösserer Menge zugänglich macht, wirkt dieselbe auf wissenschaftliche Bestrebungen befruchtend zurück. Was sollte z. B. der wissenschaftlich Forschende anfangen, ohne dass ihm die Technik Schwefelsäure, Soda zu billigen Preisen zur Verfügung stellte; auch z. B. Jod und Brom sind für die Entwickelung der nachher näher zu betrachtenden organischen Chemie unentbehrliche Forschungsmittel gewesen.

Uralte chemische Betriebe sind erst durch systematisch vorgenommene analytische Untersuchungen in ihren Leistungen erheblich verbessert worden. So ist man in der Glasindustrie neuerdings durch genaue Analysenkontrole und Prüfung der mit der chemischen Zusammensetzung veränderlichen physikalischen Eigenschaften im Stande, für Geräthe wie Thermometer und für optische Zwecke Glassorten herzustellen, welche allen früheren Fabrikaten überlegen sind.

Die Analyse hat der angewandten Chemie Aufklärungsdienste auf Schritt und Tritt zu besorgen. Alle den Betrieben zugeführten Materialien bewerthet man nicht mehr wie früher nach Aussehen und Herkunft, sondern nach der Analyse. Die Dünger werden nach Gehalt an Kali, Phosphorsäure, Stickstoff gehandelt, das Eisen nach dem Gehalte an Kohlenstoff, Silicium, Phosphor; Soda nach dem Gehalte an Alkalikarbonat; Erze nach dem Gehalte an reinen Metallen; Braunsteine nach dem Gehalte an wirksamem Sauerstoff u. s. w. Erst seitdem man den technischen Betrieb den Ergebnissen der Analyse

anpasst, ist derselbe den früheren Zufälligkeiten und Störungen ent-
rückt. In einer Schwefelsäure-, Sodafabrik, in Hüttenwerken u. s. w.
überall finden wir die analytische Chemie fast jeden Augenblick in
Anwendung. In Anbetracht der grundlegenden Bedeutung der Analyse hatte in dem ersten, im Jahre 1825 von Liebig in Giessen
begründeten chemischen Universitätslaboratorium jeder Praktikant
zunächst wesentlich analytische Uebungen auszuführen. Liebig be-
trachtete die Analyse als allgemeines chemisches Erziehungsmittel.
Er vermied es, beim Unterricht auf deren Nutzanwendung einzu-
gehen.

Allerdings kommt eine allgemeine rein chemische Durchbildung
bei der Ausübung der angewandten Chemie wie nichts anderes zu
statten. Die Zeiten aber sind vorüber, wo man sich, wie Liebig
meinte, mit allgemeinen chemischen Kenntnissen sehr schnell mit
einem Fabrikationsbetriebe vertraut machen und am selbigen Tage
schon eine Menge Verbesserungen anbringen kann. Von Jahr zu
Jahr wird das Anbringen von Verbesserungen in demselben Betriebe
naturgemäss schwerer.

Was speciell die Analyse betrifft, so verlangt die chemische
Technik immer mehr, dass ihre speciellen Bedürfnisse schon beim
Unterricht in's Auge gefasst werden. Die von der Technik aus
wissenschaftlichen Laboratorien übernommenen analytischen Methoden
sind in der Praxis vielfach weiter gebildet oder auch durch neue
andere ersetzt worden. Methoden, welche bei Einzeluntersuchungen
wegen geringer nothwendiger Vorbereitung im Unterrichtslaboratorium
zweckmässig erscheinen, versagen vielfach im Betriebe, wo man nach
dem Grundsatz „Zeit ist Geld" eine einmalige grössere und kost-
spieligere Vorbereitung gern ausführt, wenn die späteren vielleicht
zahlreichen Analysen nun schnell hintereinander zu erledigen sind.
Die Maassanalyse, die elektrolytischen Verfahren, die
Probirkunst, die technische Gasanalyse, welche allerdings
besondere, aber die Arbeit abkürzende Apparate erfordern, werden
aus diesem Grunde in der Technik bevorzugt.

Der Unterricht in der angewandten Chemie hat sich auch mit
den speciellen Methoden zu befassen, welche zur Prüfung von Nah-
rungs- und Genussmitteln und zur Ausmittelung von Giften
bei forensischen Untersuchungen Anwendung finden. Für die Vor-

schulung in diesen Specialgebieten sind durch die staatliche Nahrungs-
mittelchemiker-Prüfung bereits gesetzlich besondere Praktika und
Prüfungen festgesetzt worden. Und das nicht zum Ueberfluss! Man
kann allerdings einwenden, es handele sich beim analytischen
Arbeiten immer wieder um gleichartige Manipulationen, wie Lösen,
Erhitzen, Filtriren, Krystallisiren, Auswaschen, Abdampfen, Trocknen,
und die beim Ueben an einem Objekt erlangten Fähigkeiten liessen
sich auf alle anderen Fälle ohne Weiteres übertragen. Die Abweichungen, die durch das Objekt und den speciellen Zweck der
Untersuchung bedingt werden, machen aber doch vielfach ein neues
Einarbeiten nöthig. Jedenfalls gewinnt man erst bei wiederholtem
Ausführen gleichartiger Untersuchungen zu der Methode und sich
selbst das Maass von Vertrauen, dessen ein Analytiker in verant-
wortlicher Stellung bedarf. Für die Schlussfolgerungen, welche
er aus den erlangten Resultaten ziehen soll, ist er vollends gezwungen,
sich in die Eigenart des Specialgebietes einzuarbeiten. Das lässt sich
aber nicht von Fall zu Fall erledigen. Der jüngst verstorbene
erfahrungsreiche Analytiker Remigius Fresenius pflegte zu sagen:
„Es ist nichts schwerer, als das Resultat einer Analyse zu unter-
schreiben". In der That, wer einmal in die Lage gekommen ist,
vor Gericht mit seinem Analysenresultat über Freiheit oder Kerker,
über Leben oder Tod zu entscheiden, weiss, wie sehr ein Vertraut-
sein mit den speciellen Methoden dazu gehört, um mit Ruhe seine
Aussagen machen zu können. Und wie leicht kann es im Anfang
vorkommen, dass der Chemiker, welcher gestern noch ganz sicher
war, am nächsten Tage schon von Zweifeln gepeinigt wird. In der
Nahrungsmittelchemie z. B. haben wir es mit Gemischen vielfach nicht
näher definirter Körper zu thun, deren Mischungsverhältniss nicht
konstant ist, sondern innerhalb gewisser Grenzen schwankt. Die
Natur gefällt sich aber bisweilen in Abweichungen von der Regel.
Die Fälscher machen sich solche Ausnahmen bald zu Nutzen, um
die gewöhnlichen Grenzen zu verwischen und gefälschte Produkte vor
Beanstandung zu schützen. Autorität kann seinen Resultaten nur der
sichern, welcher auch seine Gegner richtig zu taxiren gelernt hat.

Die vielfach vom Nahrungsmittelchemiker verlangten Vor-
schläge zur Besserung der als besserungsbedürftig erkannten sani
tären Verhältnisse, z. B. auf dem Gebiete der Wasserreinigung, der

Verbesserung der Luft erfordern ebenfalls specielle praktische Kenntnisse.

In der forensischen Chemie wird die Aufgabe gleichfalls von Tag zu Tag schwerer. Was kann z. B. heutzutage nicht Alles eine Verwechslung mit Pflanzengiften herbeiführen? Kaum ein Monat vergeht, wo nicht ein neues, die sogenannten Alkaloidreaktionen gebendes Arzneimittel gefunden wird, und es ist auch nicht abzusehen, wie viele alkaloidische Stoffe bei der Zersetzung thierischer und pflanzlicher Substanzen zu entstehen vermögen! Nur unter Berücksichtigung aller drohenden Fährlichkeiten ist das Urtheil abzugeben und das ist wieder nur dem speciell Geschulten möglich.

Andererseits ist dagegen anzukämpfen, dass die Vertreter der angewandten Chemie in ihren Specialgebieten ganz aufgehen und sich gegen andere Gebiete abschliessen. Im Gegentheil soll das Bestreben dahin gehen, aus allen anderen Gebieten dem Specialgebiet das zuzuführen, was ihm förderlich sein könnte. Das Beste findet man vielfach da, wo man es am wenigsten vermuthet hat. So erschien dem Vertreter der angewandten Chemie die neuere Richtung der physikalischen Chemie kaum als ein für ihn nutzbarer Boden. Jetzt stehen wir bereits vor der vollendeten Thatsache, dass die gesammte analytische Chemie dadurch mit neuen führenden Gesichtspunkten ausgestattet wird, welche auch den angewandten Disciplinen ohne Weiteres zu Gute kommen müssen. Schon sehen wir, dass neuere physikalisch-chemische Methoden, wie Bestimmungen der Gefrierpunkte oder Siedepunkte von Lösungen, die Feststellung des elektrischen Leitvermögens bei der Nahrungsmittelchemie und bei technischen Betrieben gelegentliche Anwendung finden. Jüngst haben nach Versuchen von Braun die Gefrierpunktserniedrigungen in der Medicin die wissenschaftliche Basis für die Beurtheilung der Wirkung von Injektionsflüssigkeiten geliefert.

Nach den Gesetzen der physikalischen Chemie, namentlich den von van 't Hoff, Ostwald, Arrhenius, Nernst aufgestellten Lösungstheorien, für welche Pfeffer's osmotische Untersuchungen von so grundlegender Bedeutung gewesen sind, lassen sich die Erscheinungen der analytischen Reaktionen auf's Klarste übersehen. Was früher als Anomalität erschien, ist jetzt der Ausdruck einfacher Gesetzmässigkeiten. Man kann vielfach im Voraus die Bedingungen angeben, unter denen die Trennung von Körpern am zweckmässigsten vorgenommen wird. Die früher schwierig zu ermittelnde Löslichkeit schwerlöslicher Substanzen ergiebt sich jetzt leicht aus der elektrischen Leitfähigkeit. Titrationen, für welche keine geeigneten Indikatoren zur Verfügung sind, lassen sich jetzt elektrometrisch kontroliren. Nach Untersuchungen von Paul und Krönig giebt die Elektricitätsleitung sogar ein Hülfsmittel ab, um sich über die bakterientödtende Kraft von Metallsalzen, z. B. von Quecksilbersalzen zu unterrichten. In welcher Zeit eine beliebige Säure Rohrzucker in Fruchtzucker und Traubenzucker spaltet, lässt sich aus Ostwald's Affinitätskonstanten der Säuren ohne Weiteres ersehen. Zur Prüfung der Reinheit mancher Substanzen erscheint die kritische Temperatur geeignet.

Für die Anwendung physikalisch-chemischer Methoden ist deren rasche Ausführbarkeit in der Praxis empfehlend. Aus diesem Grunde bürgern sich von den optischen physikalischen Apparaten in den Laboratorien für angewandte Chemie neuerdings die Apparate zur Bestimmung der Lichtbrechung immer mehr ein. Auf einen Margaringehalt der Butter weist das Butterrefraktometer hin, den Gehalt eines Bieres an Alkohol und Extrakt erfährt man in kürzester Zeit vermittelst eines Differentialprismas und eines Aräometers. Auf die weitere Anwendung der chemischen Analyse in der Medicin und den gesammten Naturwissenschaften kann hier nur hingedeutet werden.

Die Analyse führt mit Naturnothwendigkeit zum Problem der Synthese, d. h. der Rückbildung der analysirten Substanz aus den gefundenen Bestandtheilen. Manchmal genügt die blosse innige Berührung der betreffenden Stoffe, um die beabsichtigte synthetische Reaktion herbeizuführen. Bisweilen tritt diese nur unter ganz bestimmten Bedingungen ein. So kann z. B. Schwefelsäureanhydrid nach seiner Zerlegung in Schwefeldioxyd und freien Sauerstoff direkt erst wieder reproducirt werden, wenn man die Gase in erhitztem Zustande über Platinasbest leitet. Aus dieser zunächst rein wissenschaftlichen Beobachtung hat sich ein technisches Verfahren zur Synthese dieses Körpers herausgebildet.

Bisweilen führt ein glücklicher Zufall innerhalb der Technik zu den Bedingungen, welche den Erfolg der Synthese sichern. So

z. B. war es bei der künstlichen Darstellung des Ultramarins. Die
Natur liefert uns diese schöne blaue Farbe in Form des Lasur-
steines, für den noch im Jahre 1825 Preise bis zu 1800 M. pro Kilo
erzielt wurden. Die Beobachtung, dass in einem Sodaofen blau
gefärbte Anflüge sich bildeten, gab den Anstoss, deren Identität mit
Lasurstein analytisch festzustellen, beide Stoffe als eine Vereinigung
von Aluminiumsilikat mit Schwefelnatrium aufzufassen und darauf-
hin die Synthese zu verwirklichen. Die Kunst zeigt sich jetzt der
Natur überlegen und stellt zu Preisen von 1—2 Mark pro Kilo nicht
nur blaues, sondern auch grünes und rothes Ultramarin her. Man
ist vielfach im Stande gewesen, von der Natur gelieferte Mineralien
künstlich nachzubilden, so gelang z. B. auch die Darstellung von
Kalkspath, Gyps, Quarz, Silikaten und in kleinem Maassstabe auch
von Rubin und Diamant.

Die grössten Erfolge weist aber die synthetische Chemie — wie
immer im Verbande mit der Analyse — bei den Kohlenstoff-
verbindungen auf, die als wesentliche Bestandtheile von Thier und
Pflanze besonderes Interesse beanspruchen. Unsere chemische Kenntniss von diesen Substanzen ist fast ganz ein Kind dieses Jahrhunderts.
Dieselben bestehen aus nur wenigen Elementen, insbesondere Kohlenstoff, Wasserstoff und Sauerstoff, wie aus den Verbrennungsprodukten,
welche sie geben, nämlich aus der Bildung von Wasser und Kohlensäure, erschlossen wurde. Liebig hat uns gelehrt, die elementare
Zusammensetzung der organischen Substanzen in bequemer Weise
zu ermitteln.

Die Thatsache, dass an der Zusammensetzung sich nur so
wenige Elemente betheiligen, scheint im Widersprnch mit der grossen
Mannigfaltigkeit der organischen Verbindungen zu stehen. Man hat
gefunden, dass sehr viele Körper dieselben Elemente in gleichem
Mengenverhältniss enthalten, und doch in ihren Eigenschaften grund-
verschieden von einander sind. Man hat dies darauf zurückgeführt,
dass an dem Aufbau der kleinsten Substanztheilchen sich bald weniger,
bald mehr Atome betheiligen, wodurch die Grösse des sogenannten
Moleküls verschieden wird, oder dadurch, dass im Molekül die
Atome in verschiedener Reihenfolge mit einander verbunden sind.
Die Eigenschaften der organischen Verbindungen aus der Bindungs-
weise der Atome oder der Konstitution heraus zu erklären, ist die

Hauptaufgabe der reinen organischen Chemie gewesen. Um der Zahl der sich häufenden Isomerien Herr zu werden, sind van 't Hoff und Joh. Wislicenus dazu übergegangen, statt wie zuerst die Bindungsverhältnisse in der Ebene zu versinnlichen, dieselben an körperlichen Modellen zur Anschauung zu bringen. Dadurch kommen plastische Bauwerke zu Stande, in denen die Kohlenstoffatome das Skelett für die Anlagerung der anderen Atome abgeben. Die organischen Körper bestehen hiernach aus einem Haufwerk von Atomen, deren Trennung und Wiedervereinigung ebenso möglich erscheint wie bei den anorganischen Verbindungen.

Und thatsächlich gelingt die in vielen Fällen technisch überaus wichtige Synthese der organischen Körper, indem man das Atomgebäude des Moleküls in Theilstücke zerlegt und sodann aus diesen rekonstruirt. Lange hielt man so etwas für unmöglich. Man glaubte, dass eine besondere Lebenskraft nothwendig wäre, um Thier- und Pflanzenprodukte zu erzeugen. Auch nachdem Wöhler 1828 die erste Synthese eines organischen Stoffes, eines Thierproduktes, des Harnstoffes ausgeführt hatte, waren noch Jahre und weitere Synthesen nöthig, um den Glauben an die Lebenskraft zu erschüttern. Eine Zeit lang erachtete man noch die optisch-aktiven, auf die Lichtebene des polarisirten Lichtes drehend wirkenden Substanzen der chemischen Synthese für unzugänglich. Aber auch hier gelang es bald, der Lebenskraft durch erfolgreiche Synthese den Garaus zu machen. Neuerdings ist es weiterhin gelungen, zu zeigen, dass auch die Vergährung des Zuckers zu Alkohol und Kohlensäure von der Lebensthätigkeit der Hefe unabhängig durch chemische Stoffe bewirkt werden kann.

Die Aufgaben, welche im Bereich der organischen Körper von der chemischen Technik gelöst wurden, schliessen sich dem jeweiligen Standpunkte an, auf welchem die wissenschaftlichen Arbeiten stehen. Schon im vorigen Jahrhundert sehen wir die Chemiker damit beschäftigt, in Thier oder Pflanze leicht isolirbare organische Verbindungen nachzuweisen. Bei solchen Versuchen erkannte z. B. der Berliner Chemiker Marggraf, dass der Zucker des Zuckerrohrs auch in der Runkelrübe vorkomme. Die auf dieser Beobachtung fussende Rübenzuckerindustrie konnte sich aber erst in diesem Jahrhundert, nachdem man über die nöthigen chemischen Kenntnisse verfügte, gedeihlich entwickeln. Diese Industrie hat im Jahre 1896/97 dem Deutschen Reiche blos an Steuern einen Gewinn von 103,7 Millionen Mark gebracht.

Von der Neuzeit werden dem Chemiker weit verwickeltere Aufgaben gestellt. Geradezu staunenswerth erscheint es, was Analyse und Synthese aus einem früher lästigen Abfallprodukte der Leuchtgasfabrikation, dem Steinkohlentheer, gemacht haben. Bei der näheren Untersuchung sind daraus nach und nach etwa hundert Gemengtheile isolirt worden, von denen Benzol, Toluol, Karbolsäure, Anilin, Naphthalin, Anthracen genannt sein mögen. Fast unabsehbar ist die Zahl derjenigen Stoffe, welche durch chemische Synthesen weiter daraus entstehen. Ein englischer Chemiker, Namens Perkin, stellte Versuche an, um aus dem basischen Anilin das ebenfalls basische Chinin zu gewinnen. Statt dessen erhielt er aber einen violetten Farbstoff, den ersten Anilinfarbstoff, das malvenrothe Mauveïn. Bald darauf wird, ebenfalls empirisch, das jetzt noch sehr wichtige fuchsiafarbige Fuchsin aus Anilin gewonnen.

Die Weiterentwickelung dieser empirischen Funde zu der mächtigen Theerfarbenindustrie, welche gegenwärtig etwa zwölfhundert Farbstoffe in allen erdenklichen Nüancen liefert, war aber erst möglich, als wissenschaftliche atomistische Studien dafür den geeigneten Boden geschaffen hatten. Kekule erkannte in dem Benzol die Muttersubstanz zahlreicher Theerprodukte; seine Benzoltheorie, welche annimmt, dass im Benzolmolekül sechs Kohlenstoffatome zu einem Ringe vereinigt sind, erklärte die bei den Synthesen in diesem Gebiete zahlreich auftretenden bis dahin räthselhaften Isomerien; sie wurde der Wegweiser zu immer neuen Problemen und Erfolgen. Als am 11. März 1890 die Deutsche chemische Gesellschaft das 25jährige Jubelfest der Benzoltheorie feierte, betheiligten sich dabei die Männer der Industrie in ganz hervorragender Weise, ein Zeichen, wie viel die Technik dieser Theorie zu danken hat. Der Umfang der deutschen Theerfarbenindustrie geht daraus hervor, dass von derselben im Jahre 1896 Produkte im Werthe von rund 80 Millionen Mark exportirt worden sind.

Gross sind auch die Umwälzungen, welche die neue Farbstoffindustrie auf anderen Gebieten hervorgerufen hat. Die Empfindlichkeit und Vergänglichkeit der den Käufer bestrickenden Anilinfarben, hat den Wechsel der Mode beschleunigt und der Weberei einen vervielfachten Absatz gesichert. Durch die von Graebe und Liebermann auf Grund wissenschaftlicher Untersuchungen des Krapps realisirte Synthese des wichtigsten Krappfarbstoffs, des Türkischroths oder Alizarins, ist der Krappbau in Frankreich eingegangen. Die vielen Millionen, welche er abwarf, kommen jetzt grossentheils Deutschland zu Gute.

Eine weitere, der Untersuchung organischer Farbstoffe entstammende Grossthat ist die v. Baeyer geglückte synthetische Darstellung des Indigoblaues. Neuerdings hat es den Anschein, als ob auch dieses Erzeugniss der Farbindustrie mit dem natürlichen Indigo den Kampf auf dem Weltmarkt aufzunehmen vermöchte.

Deutschland marschirt in diesem Gebiet schon seit langer Zeit an der Spitze! Woher kommt das? In erster Linie daher, dass seit Liebig der praktische Laboratoriumsunterricht an allen deutschen Hochschulen eingeführt worden ist, und weiter daher, dass der Studirende dabei nicht nur Gelegenheit findet, sich mit den chemischen Stoffen und den chemischen Manipulationen vertraut zu machen, sondern auch seine Kräfte an der Lösung bislang unbearbeiteter Probleme unter Anleitung des Lehrers zu versuchen.

Wenn irgendwo, so gilt in der chemischen Industrie der Satz: Stillstand ist Rückschritt. Nur wer immer Neues und Besseres bringt, vermag sich im Kampfe um's Dasein zu behaupten. Wieviel Arbeit und Zeit vergeblich aufgewandt werden muss, ehe ein Erfolg zu verzeichnen ist, ergiebt sich wohl auffällig genug daraus, dass von etwa hundert genommenen Patenten nur eines praktische Bedeutung gewinnt. Ungezählte Versuche sind aber bereits gemacht, ehe sie ermuthigen, ein Patent nur anzumelden. Das mag Diejenigen trösten, welche glauben, dass der Chemiker den Reichthümer bringenden Patenten kaum aus dem Wege gehen könne. Solche Anschauungen mögen auch in gewissen Beamtenkreisen die Meinung gezeitigt haben, dass ein Professor kein volles Anrecht auf Patentgewinn besitze, weil zu seinen Versuchen staatliche Mittel benutzt worden sind. Einen Erfolg garantiren aber nicht die gleichmässig Vielen zur Verfügung stehenden staatlichen Mittel, sondern ein gewisses persönliches Glück, Sachkenntniss, Beobachtungsgabe und Erfindungstalent. Es würde im Interesse des Staates liegen, diese Eigenschaften durch Prämien über

den Patentgewinn zu fördern, statt ihnen durch Besteuerung des Er-
folges in den Weg zu treten. Wer sollte zudem für die Patent-
unkosten der 99 % nicht rentirender Patente aufkommen!

Die Technik muss, wie die Verhältnisse liegen, von einer
Anzahl ihrer Chemiker die Gabe selbstständigen chemischen Denkens
und Kombinirens verlangen, und dafür giebt es keine bessere
Schule als die in Deutschland übliche Betheiligung fortgeschrittener
Studirender an chemischen Forschungen des Lehrers. Jedenfalls ist
dies das System, welches den Lehrer im Interesse der Schüler am
gründlichsten ausnützt.

Allerdings liegt in der jetzigen Art, die Ausbildung aller
Chemiker durch Betheiligung an wissenschaftlichen Arbeiten zum
Abschluss zu bringen, die Nothwendigkeit, auch diejenigen mit
solchen Aufgaben zu befassen, die ohne hervorragende Befähigung
oder das Bestreben, wissenschaftlich Bedeutendes zu leisten, täglich
das Ende mit dem Doktortitel herbeisehnen. Das bringt für den
Lehrer bisweilen grosse Schwierigkeiten mit sich und erfordert unter
der Voraussetzung, dass der wissenschaftliche Werth der Arbeit nach
Möglichkeit gewahrt bleiben soll, eine Hingabe im Unterricht, deren
nur ein deutscher Lehrer fähig scheint. In der chemischen Farben-
technik wird nach denselben Methoden, nur vielfach in grösserem
Maassstabe, wie im wissenschaftlichen Laboratorium, weiter gearbeitet; die Versuche halten sich natürlich mehr auf den Wegen,
welche nahe Aussicht auf materiellen Gewinn zu gewähren scheinen.
Dadurch wird es verständlich, dass Vertreter der reinen Chemie
ihre Forschungsergebnisse nicht selten in der Technik direkt zur Anwendung bringen können, und dass bewährte Lehrer der reinen
Chemie oft gesuchte Persönlichkeiten für die chemische Technik
gewesen sind.

Die organisch-chemische Technik hätte sich noch weniger als
die anorganische unabhängig von der wissenschaftlichen Forschung
entwickeln können, und umgekehrt sehen wir auch hier die Entwickelung der reinen Chemie in steter Abhängigkeit von der
Technik. Wir brauchen wieder nur einen Blick auf die zu rein chemischen Arbeiten viel gebrauchten Theerprodukte zu werfen: Benzol,
Anilin, Phenol, Naphtalin, Anthracen: alle stellt die Technik in beliebigen Mengen rein zur Verfügung. Ja, es sind chemische Fabriken

entstanden, deren gesammte Produkte zur Förderung wissenschaftlicher Untersuchungen Verwendung finden. Durch die deutschen wissenschaftlichen Laboratorien gross gezogen, versorgt diese deutsche Präparatenindustrie fast sämmtliche wissenschaftliche Laboratorien der Welt mit ihren Erzeugnissen. Es giebt keine bessere Empfehlung eines Präparates, als dessen Herkunft aus gewissen deutschen chemischen Fabriken.

In dem Maasse, wie die deutsche Präparatenindustrie erstarkte, hat sie auch dem Apotheker die Darstellung der chemischen Präparate aus der Hand genommen. Zahlreiche Substanzen, welche man früher ganz allgemein in Apotheken herstellte, werden von der Technik jetzt gleichmässiger und dazu billiger geliefert. Die Darstellung im Grossen gestattet nicht nur eine gründlichere Reinigung, sondern auch eine bessere Auswerthung der Nebenprodukte. In einzelnen Fällen kommen der Technik neue, im pharmaceutischen Laboratorium nicht verwendbare Methoden zu Hülfe. So kann man jetzt Citronensäure, nach einer Beobachtung, welche im hiesigen Botanischen Institut unter Pfeffer's Leitung gemacht wurde, durch Pilzwirkung aus Zucker erzeugen. Eine der schönsten Früchte organischer Synthesen, das von Emil Fischer mühsam künstlich aufgebaute Coffeïn dürfte bald auch in Fabriken künstlich erzeugt werden.

In ihrem Verbande schenken aber auch Wissenschaft und Technik dem Arzt, und somit dem Apotheker neue Arzneimittel in einer früher nicht geahnten Fülle. Wie erwähnt, gaben Versuche, welche zu einem Fiebermittel, dem Chinin, führen sollten, den Ausgangspunkt für die mächtige Theerfarbenindustrie. In der Folge lieferten dieselben Bestrebungen zwar wiederum kein Chinin, aber in grösster Zahl Fiebermittel, unter denen das Antipyrin den entschiedensten Erfolg davongetragen hat. Die chemische Technik war weitsichtig genug, die Ergebnisse wissenschaftlicher Versuche sich und der Menschheit nutzbringend zu machen. Die Fabriken von Theerfarbstoffen errichteten Abtheilungen zur Darstellung von neuen Arzneimitteln. Die Fabriken pharmaceutischer Präparate thaten ein Gleiches und weiterhin entstanden besondere Fabriken für einzelne Heilmittel. Salicylsäure, Antipyrin, Phenacetin, Antifebrin, Sulfonal, Chloral, Saccharin und zahlreiche andere viel gebrauchte neuere pharmaceutische Präparate werden ausschliesslich in chemischen

Fabriken dargestellt und kamen, sofern sie auch schon früher bekannt waren, erst durch die technische Darstellung zu medicinischer Bedeutung.

Wiederum ist es der Vorrath an wissenschaftlich gut geschulten Kräften gewesen, welcher Deutschland auch auf diesen Gebieten die Weltstellung verschafft hat. Der nicht nur mit chemischen Vorschriften, sondern auch mit chemischem Denken ausgestattete deutsche Chemiker weiss sich jeder veränderten Forderung, wenn auch nicht ohne angestrengte Arbeit, gewachsen zu zeigen. Nach der Art seiner Schulung giebt er sich nicht lässig zufrieden mit dem Bestehenden, sondern sucht selber freudig und mit allen Kräften fortzuschreiten. Dass die deutsche Technik eine sehr grosse Wandlungsfähigkeit besitzt und stets bereit ist, das Verwerthbare allgemein zur Geltung zu bringen, zeigt die Aufnahme der Darstellung von Diphtherie-Heilserum und Tuberkulin in den Betrieb der Höchster Farbwerke.

Dadurch, dass die Herstellung zahlreicher Präparate in die Fabriken übergegangen ist und der Apotheker die meisten neueren Arzneimittel von chemischen Fabriken beziehen muss, gewöhnt sich derselbe immer mehr daran, auch diejenigen Präparate sich schicken zu lassen, welche er eben so gut und unter Umständen mit Vortheil selbst darstellen könnte. Der Apotheker geräth damit, meiner Meinung nach, auf eine abschüssige Bahn, welche ihn dem blossen Zwischenhändler gegen seinen Willen näher bringt. So lange der Apotheker durch geeignete Untersuchungen feststellt, dass die von auswärts bezogenen Arzneimittel den selbst dargestellten mindestens gleichwerthig sind, ist Alles in Ordnung. Bezieht aber der Apotheker einfache Arzneiformen wie Extrakte, Tinkturen, destillirte Wässer, Pastillen, deren Untersuchung grosse Schwierigkeiten bereitet oder undurchführbar ist, so begiebt er sich damit vielfach der Möglichkeit einer Kontrole und das sollte er thunlichst vermeiden.

Dem Lehrer der Pharmacie erwächst die Aufgabe, die Fähigkeit und die Neigung des Pharmaceuten zur Präparatendarstellung durch Uebungen zu fördern und zu beleben. Nur wer mit dem Werden eines Präparates bekannt ist, vermag dasselbe richtig zu beurtheilen. Auf die fachkundige Arzneimittelprüfung ist besonderes Augenmerk zu richten. Die pharmaceutische Chemie hat nach

Methoden zu suchen, welche Minderwerthiges oder Unbrauchbares auszuschliessen gestatten. Zum Glück giebt es zur Zeit in Deutschland Fabriken pharmaceutischer Präparate, denen man volles Vertrauen entgegen bringen darf und welche Fortschritte auf diesem Untersuchungsgebiete mit Freude begrüssen. Vielfach sehen wir diese Fabriken selbst mit Hand anlegen, um neue Prüfungsmethoden ausfindig zu machen. Die Werthbestimmung starkwirkender Droguen, Extrakte u.s.w. sind von der Technik mitgefördert worden.

Ebenfalls unter Mitwirkung deutscher Firmen hat auch die Untersuchung von ätherischen Oelen und ähnlichen Riechstoffen grosse Fortschritte gemacht. Früher zum Theil ganz unkontrolirbar, sind dieselben durch wissenschaftliche Arbeiten der chemischen Analyse immer mehr zugänglich geworden. Der Analyse ist aber auch schon mehrfach die Synthese gefolgt, wie z. B. bei Bittermandelöl, Zimmtöl, Senföl, dem Aroma der Vanille, des Waldmeisters. In anderen Fällen vermögen wir künstlich neue Stoffe herzustellen, welche in Geruchswirkung mit Naturprodukten konkurriren können. Solche Errungenschaften sind künstlicher Moschus, Fliederduft, Veilchenaroma.

Hand in Hand mit der neueren Entwickelung unserer elektrochemischen Anschauungen, geht auch ein neuer Aufschwung der Verwerthung der Elektrochemie in der chemischen Praxis. Elektrolytisches Aluminium, Nickel, Natronhydrat, Kalihydrat, Kaliumchlorat sind einige der erzielten Früchte. Auch die durch Elektricitätswirkung erzielbaren höheren Temperaturen werden Umgestaltungen auf dem Gebiete der Technik zeitigen. Eben wird eine Calciumkarbid- und Acetylen-Industrie in's Leben gerufen; und weiter spricht man schon von geschmolzenem und gegossenem Porzellan.

Das Gesagte wird genügen, um zu zeigen, dass die Bedeutung der angewandten Chemie eine recht erhebliche und umfassende ist, und dabei habe ich nur Hindeutungen auf das Augenfälligste gemacht. Gleichzeitig wird aber auch klar geworden sein, dass sie sich von der wissenschaftlichen Forschung nicht trennen lässt und nur im Verein mit dieser gedeiht. Während dieses Jahrhunderts, wo neue, immer weiter entwickelte chemische Anschauungen die praktischen Bestrebungen fördern, sind diese von Erfolgen begleitet gewesen, welche die Errungenschaften von Jahrtausenden in den

Schatten stellen. Ein Vertreter der angewandten Chemie hat deshalb nicht ein von der Wissenschaft abliegendes Gebiet zu behandeln, sondern vornehmlich die Wissenschaft mit der Praxis durch immer neue Fäden zu verknüpfen. Neue wissenschaftliche Methoden sind für praktische Probleme zur Anwendung zu bringen und umgekehrt sind aus der Praxis der Wissenschaft neue Probleme zur Bearbeitung zu überweisen.

Gestatten Sie mir, meine hochgeschätzten Herren, auf das über den Unterricht in angewandter Chemie Gesagte, zum Schluss kurz zurückzukommen. Wenn die Vertreter der chemischen Industrie der Ansicht sind, dass bei dem Unterricht die Praxis bis jetzt nicht genügend berücksichtigt worden sei, so besteht in diesen Kreisen nicht etwa das Verlangen nach Erlernung der technischen Betriebe auf der Hochschule. Solch ein Unterricht wäre mit unerschwinglichen Kosten verbunden und es liesse sich doch kein genaues Bild von dem jeweiligen Stand der Technik geben. Diese hält ihre Methoden geheim, so lange sie neu und nachahmenswerth sind. Wohl aber soll der Studirende Gelegenheit finden, die chemische Technologie durch Vorträge, technologische Sammlungen und gelegentliche Exkursionen kennen zu lernen. Daneben sind dem Studirenden durch Versuche mit den Mitteln des Laboratoriums im Kleinen über die technischen Verfahren Aufklärungen zu geben.

Als dem Lehrer der angewandten Chemie fällt mir an hiesiger Universität die Aufgabe zu, beim Unterricht, in Vorlesungen und im Praktikum, die chemischen Kenntnisse und Fertigkeiten im Sinne ihrer praktischen Anwendung zu erweitern und zu vertiefen. Die analytischen praktischen Bedürfnisse sind besonders zu berücksichtigen, und Niemandem, welcher in die Technik geht, darf die Kenntniss der technischen Gasanalyse, Maassanalyse, Elektrolyse u. s. w. fehlen. Die Studirenden der Pharmacie sollen die Arzneimittel unter Berücksichtigung der Herstellung, des Aussehens und der analytischen Eigenschaften beurtheilen lernen. Auch sollen sie im Stande sein, kleine Mengen von schädlichen Verunreinigungen in Arzneimischungen wie auch in Nahrungs- und Genussmitteln oder in Gebrauchsgegenständen nachzuweisen. Den Studirenden der Medicin sind unter Berücksichtigung ihrer Studienverhältnisse die grundlegenden chemischen Begriffe geläufig zu machen; ausserdem ist denselben Gelegenheit zu geben, die chemischen Präparate durch eigene Anschauung kennen zu lernen und einfache chemische Versuche selbst auszuführen. Nahrungsmittelchemiker und Gerichtschemiker müssen eine eingehende specielle analytische Ausbildung in ihrem Gebiet erhalten.

Auch in einem grossen Unterrichts-Laboratorium kann auf die Bedürfnisse des Einzelnen sehr wohl Rücksicht genommen werden, wenn nur der Unterricht gut organisirt ist und es nicht an Hülfskräften fehlt. Vor allem ist beim Unterricht gleichmässig darauf zu achten, dass die praktische Unterweisung keinen Augenblick aufhöre wissenschaftlichen Geist zu athmen. Nur dadurch ist Wachsen, Blühen und Gedeihen auch der angewandten Chemie gesichert. Dass dieselbe an der neuen Heimstätte stets ihre Wissenschaftlichkeit wahren wird, verbürgt nach Möglichkeit ihre Zugehörigkeit zur universitas litterarum Lipsiensis. Aber auch für die Universität erscheint die Berührung mit der Praxis ein Gewinn; heisst es doch nicht ganz mit Unrecht: non scholae, sed vitae discimus.

II.

Beschreibung des Institutes.

Von

Prof. Dr. Ernst Beckmann,
Direktor des Institutes.

und

Prof. Dr. Theodor Paul,
früher I. Assistent des Institutes.

Einleitung.

Aus Sparsamkeitsrücksichten sind die einzelnen Räume des Instituts thunlichst zu ähnlichen Zwecken wie früher verwendet worden. Im Nordflügel befinden sich das Sprechzimmer und das Laboratorium des Direktors, die chemischen Abtheilungen für Anfänger und Fortgeschrittenere, der Ostflügel enthält die Räume für die Uebungen der Mediciner und Pharmaceuten, das Kellergeschoss einige Räume für specielle Arbeiten, wie für physikalische Messungen, Photographie, Bakteriologie etc. Zimmer für allgemeinen Gebrauch: Schwefelwasserstoffzimmer, Destillirzimmer, Waagenzimmer, Verbrennungszimmer, Bombenraum, Vorraths- und Dienerräume sind im Institute in zweckentsprechender Weise vertheilt. Das Nähere wird aus beigefügtem Grundriss und den Einzelbeschreibungen ersichtlich werden.

Dieser Beschreibung ist folgender Gesammtplan zu Grunde gelegt:

    I. Beamtenpersonal.
    II. Allgemeine Einrichtungen.
    III. Räume für allgemeine Zwecke.
    IV. Laboratorium und Sprechzimmer des Direktors.
    V. Chemische Abtheilung.
    VI. Medicinisch-pharmaceutische Abtheilung.
    VII. Räume für besondere Arbeiten.
    VIII. Hörsaal mit Nebenräumen.

I. Beamtenpersonal und Unterrichtsplan.

Das officielle Lehrpersonal besteht aus dem Direktor, 3 Unterrichtsassistenten und 2 Hülfsassistenten, von denen der eine die Ausgabe der Analysenobjekte und der Geräthschaften für den allgemeinen Gebrauch, der andere die Vorbereitung zur Vorlesung zu besorgen hat.

Als Diener sind beschäftigt: 1 Diener, welchem die Ausgabe von Chemikalien und Glaswaaren obliegt und welcher die Oberaufsicht führt, 1 Diener für die Ausgänge und die Instandhaltung des Nordflügels, 1 Mechaniker, welcher zugleich die Dienerfunktion im Ostflügel hat.

Da alle Zimmer des Instituts Ofenheizung besitzen, sind die Diener besonders im Winter stark in Anspruch genommen.

Um jederzeit Ordnung und Reinlichkeit im Institut sicherzustellen, ist während des Semesters eine ständige Scheuerfrau halbtägig beschäftigt.

II. Allgemeine Einrichtungen.

1. Gas. Da in Leipzig ein bedeutender Preisunterschied zwischen Leucht- und Heizgas besteht — von ersterem kostet das Kubikmeter 18 Pfg., von letzterem 12 Pfg. — sind alle Arbeitsräume mit gesonderten Leitungen versehen. Die Beleuchtung des Institutes mit Ausnahme einiger aus besonderen Gründen ausschliesslich mit elektrischer Beleuchtung versehenen Räumlichkeiten wird durch Auerbrenner bewirkt. Ausserdem befindet sich auf den Korridoren und in jedem Raume eine elektrische Glühlampe, um ein schnelles Orientiren in der Dunkelheit zu ermöglichen und das beständige Brennen einer Flamme zu vermeiden. Die Glühstrümpfe werden im Institut durch den Mechaniker abgebrannt und aufgesetzt. Das Auerlicht hat ausser seiner grossen Wohlfeilheit vor dem elektrischen Glühlicht im chemischen Laboratorium noch den Vortheil, dass die Farbenreaktionen mit grösserer Schärfe wahr genommen werden können. Um ein schnelles und bequemes Anzünden und Auslöschen der Leuchtflammen zu ermöglichen und dadurch der Gasverschwendung möglichst vorzubeugen, sind sämmtliche Brenner mit „Kleinstellvorrichtungen" versehen. Durch einen kurzen Zug an einem Kettchen kann jeder Praktikant seinen Arbeitsplatz sofort erleuchten und nach Beendigung der Arbeit verdunkeln.

2. Wasser. Obwohl die städtische Wasserleitung im Laboratorium nur einen Druck von ungefähr 2,5 Atmosphären hat, schien

es doch aus Sparsamkeitsrücksichten wünschenswerth für gewisse
Arbeiten, wie z. B. das Speisen der Wasserbäder, der Liebig'schen
Kühler etc., bei denen der Druck auch im Interesse der Haltbarkeit
der Zuleitungsschläuche nur gering zu sein braucht, eine Schwachdruckleitung einzurichten. Um von etwa eintretenden Störungen
unabhängig zu sein, wurden drei von einander unabhängige Leitungen
angelegt und zwar je eine in der medicin. pharmaceutischen Abtheilung mit Analysenausgabe und Destillirzimmer, in der chemischen
Abtheilung und im Verbrennungszimmer. Die Einrichtung ist sehr
einfach. In der Höhe von 2,5 m über dem Fussboden befindet sich
an der Wand ein gusseisernes Becken (Wasserniveau), wie solche
bei den Wasserklosets verwendet werden. Ein hohler kupferner
Schwimmer regulirt den Zufluss des Wasser derart, dass dieses immer
dasselbe Niveau innehält. Von diesem Becken, dessen Zuflusshahn
jederzeit sofort geschlossen werden kann, zweigt sich die Rohrleitung
nach den einzelnen Arbeitsplätzen ab.

Ausser den überall reichlich vorgesehenen Wasserbecken sind
fast auf allen Arbeitsplätzen und an den Abzügen Wasserabflüsse
vorgesehen, die entweder in weiten Röhrenmundstücken enden oder
die Form einer Schlauchtülle haben und das Ablaufwasser der
Wasserbäder und Kühler aufnehmen sollen. Da die Zahl der Röhren-
leitungen durch diese verschiedenen Einrichtungen sehr erheblich
ist und bei Anfängern zu unangenehmen Verwechslungen Anlass geben
könnte, sind die Hähne und Schlauchtüllen einer Gattung durch
farbige Anstriche gekennzeichnet. So sind sämmtliche Gashähne
braunroth, die Hochdruckwasserhähne dunkelblau, die der Schwachdruckleitung hellblau und die Wasserabflüsse hellgelb gefärbt. In
jedem Arbeitssaal hängt eine Tafel, auf welcher die Bedeutung dieser
Farben erklärt ist.

Um das lästige Umherspritzen des Wassers beim Oeffnen der
Hähne zu vermeiden, sind die Ausflussöffnungen mit den seit kurzer
Zeit in den Handel gebrachten Ansatztüllen aus Messingrohr mit
Siebeinsatz versehen und ausserdem trägt das Steingutbecken noch
einen Aufsatz von lackirtem verbleitem Eisenblech. Die Abfluss-
öffnungen der Becken, welche bekanntlich sehr leicht durch hinein-
geworfenes Filtrirpapier oder andere feste Körper verstopft werden
und zuweilen nur mit grosser Mühe wieder in Ordnung gebracht

werden können, sind sämmtlich mit einer diesen letzteren Uebelstand verhindernden Schutzvorrichtung versehen. Diese besteht aus einem ca. 8 cm langen starken Bleirohr, welches die Abflussöffnung des Steingutbeckens gerade ausfüllt und am unteren Ende zwei kreuzweise eingenietete Messingstifte trägt. Auf diesem Kreuz werden die grösseren Unreinigkeiten zurückgehalten und können in der Regel bequem mit dem Finger herausgenommen werden. Nur selten hat man nöthig, den ganzen Bleieinsatz herauszuheben. Eine unbefugte Entfernung desselben seitens der Praktikanten wird durch eine einfache Bleidrahtverbindung verhindert.

3. Elektricität. Analog der Abgabe des Leuchtgases fordert das Leipziger Elektricitätswerk je nach Art der Verwendung für die elektrische Energie verschiedene Preise. Die Lichtelektricität kostet 7 Pfg., und die Werkelektricität 2 Pfg. pro 100 Wattstunden. Die Spannung beträgt 110 Volt. Dementsprechend sind auch im Institut getrennte Leitungen vorhanden und ausserdem ist noch eine Leitung für niedere Spannung vorgesehen, welche von einer im Kellergeschoss stehenden Akkumulatorenbatterie gespeist wird.

Wie schon oben bemerkt wurde, ist es zweckmässiger und bedeutend billiger, die Arbeitsplätze mit Auerlicht zu beleuchten, als mit Glühlicht, die elektrische Beleuchtung eignet sich aber in solchen Fällen ganz vorzüglich, wo sie nur vorübergehend benutzt wird oder wegen Feuersgefahr das Brennen einer Flamme ausgeschlossen ist, oder wo die Lampen zum Herumtragen eingerichtet sein müssen oder besonders starke Lichtquellen erforderlich sind. So findet sich, wie bereits angedeutet wurde, in allen Räumen und auf den Korridoren je eine Glühlampe zur Benutzung bei vorübergehendem Aufenthalt. Die Schaltvorrichtungen sind stets in unmittelbarer Nähe der Thüre angebracht, so dass man sie beim Betreten eines Zimmers sogleich zur Hand hat, und auf den Korridoren und in solchen Räumen, welche als Durchgang dienen, ist Treppenschaltung vorgesehen, damit man das Licht beim Verlassen auf der entgegengesetzten Seite wieder auslöschen kann. Auf diese Weise ist es möglich, in kurzer Zeit das ganze Institut nach Eintritt der Dunkelheit zu besichtigen, Welche Vortheile eine derartige Einrichtung bietet, ist ohne Weiteres ersichtlich. Hier sei nur daran erinnert, dass in vielen Räumen, die nicht ununterbrochen benutzt werden, aber immer zur Benutzung bereit stehen müssen, wie z. B. im Waagezimmer, Schwefelwasserstoffzimmer, in den Vorrathsräumen etc. die beständige Beleuchtung wegfällt. Ferner kann sich der die Aufsicht habende Diener nach Schluss des Laboratoriums leicht überzeugen, ob Alles in Ordnung ist und etwaige Mängel schnell abstellen. Ausserdem wird durch diese Einrichtung die Explosionsgefahr vermieden, wenn durch Zufall Leuchtgas ausgeströmt ist oder Gefässe mit leichtflüchtigen und brennbaren Flüssigkeiten zerbrochen worden sind und der Raum zur Beseitigung des Schadens erleuchtet werden muss.

Folgende Zimmer werden ausschliesslich elektrisch beleuchtet: die Chemikalienausgabe, der Vorrathsraum im Kellergeschoss, der Hörsaal und das Vorbereitungszimmer neben demselben. Ueber die im Hörsaal angebrachten Beleuchtungsvorrichtungen wird unten noch ausführlicher die Rede sein.

Die Werkelektricität findet zum Treiben kleinerer und grösserer Motoren, zu Heizzwecken und Schmelzoperationen im elektrischen Ofen Verwendung. In neuerer Zeit haben sich verschiedene Firmen mit dem Bau von kleinen Motoren für den Betrieb von Schaufensterdekorationen, Zimmerspringbrunnen, automatischen Musikwerken etc. beschäftigt. Im chemischen Laboratorium lassen sich diese wohlfeilen Maschinen mit grossem Vortheil zu mancherlei Arbeiten verwenden, wie z. B. zum Treiben von Rührwerken, von Schüttelmaschinen, Luftventilatoren und Centrifugen. Ihr Betrieb ist viel billiger als der von Wasserturbinen gleicher Kraftentfaltung, wenn man das Verhältniss der Ausgaben für Elektricität und Wasser (1 cbm = 22 Pf.) der Berechnung zu Grunde legt, welches in Leipzig besteht. Für den elektrischen Ofen steht ein Strom von 200 Ampère nnd 220 Volt zur Verfügung. Sollten sich noch grössere Stromstärken nöthig machen, so kann im Maschinenraum ein Elektromotor (bis zu 55 Pferdestärken) mit Dynamomaschine aufgestellt werden, um den vorhandenen Strom auf beliebige Spannung und Stärke zu transformiren.

Die im Kellergeschoss gelegene Akkumulatorenbatterie besteht aus acht grossen Bleisammlern System, Tudor welche in der Weise angeordnet sind, dass sie zwei selbstständige Batterien bilden, die abwechselnd ent- und geladen werden. In die verschiedenen Abtheilungen des Institutes gehen gesonderte Leitungen, deren jede nach Belieben mit Strom von 1, 2, 3 und 4 Plattenpaaren gespeist werden kann. Diese Ströme finden bei der Elektrolyse, zum Betrieb kleiner Elektromotoren und zu Vorlesungszwecken Anwendung. Die Akkumulatoren werden mit dem Strassenstrom geladen, als Vorschaltwiderstand dient eine Anzahl Glühlampen. Um Unfällen vorzubeugen und Unbefugten den Zugang zu versperren, ist der ganze Apparat in einen Glasschrank eingeschlossen.

Das Laboratorium besitzt ferner eine Fernsprechstelle für den Verkehr mit der Stadt und nach auswärts. In einem der beiden inneren Treppenhäuser gelegen, ist sie den Beamten und allen Praktikanten des Laboratoriums leicht zugänglich und zugleich gegen Geräusche geschützt. Der Anruf erfolgt durch eine auf dem Korridor befindliche Glocke. Eine Zweigleitung führt in die im zweiten Stock gelegene Wohnung des Direktors, um auch ausser den Dienststunden den Verkehr mit dem Laboratorium zu ermöglichen. Das Sprechzimmer des Direktors ist mit dessen Privatwohnung durch ein Haustelephon verbunden. Die Zimmer der Assistenten und einige Arbeitsräume sind mit elektrischen Klingelleitungen versehen, die nach einem Tableau in der Nähe des Dienerzimmers führen. Um die Diener auch dann benachrichtigen zu können, wenn sie sich nicht in ihrem Zimmer aufhalten, sondern anderweitig beschäftigt sind, ertönen gleichzeitig mehrere an verschiedenen Stellen des Erd- und Kellergeschosses angebrachte Glocken.

4. Abzüge und Säureausgüsse. Da das Laboratorium früher in der Hauptsache zu physikalisch-chemischen Zwecken diente, hat sich die Neuanlage verschiedener Abzüge nöthig gemacht, und auch die vorhandenen wurden umgebaut. Als Muster dienten uns die Abzüge des chemischen Universitätslaboratoriums zu Halle. Diese Abzüge stehen ohne massiven Unterbau an der Wand, der bis über das Dach führende Luftkanal und die Lockflamme sind in der üblichen Weise angebracht. Das Schiebfenster befindet sich mittelst eines breiten über eine Rolle laufenden Hanfgurtes im Gleichgewicht mit einem an der Wand hängenden Bleigewicht und verharrt in jeder Stellung, die man ihm giebt. Die Arbeitsplatte ist von starkem Holz und mit Bleiblech beschlagen. Ausser der Heizgasleitung findet man an der Vorderseite noch Hähne für die Wasser-Starkdruck- und Schwachdruckleitung. Auf der Innenseite

des Fensterrahmens ist eine Saugpumpe angebracht, die durch Oeffnung eines ausserhalb des Abzuges angebrachten Hahnes in Thätigkeit gesetzt werden kann. Der Abfluss des Wassers geschieht,
ausser demjenigen für die Saugpumpe, durch zwei starke Rohre, von
denen eins an der hinteren Seite der Arbeitsplatte mündet, während
das andere neben den anderen Röhren vor dem Abzug hinläuft und
mehrere Schlauchtüllen trägt. Zum Schutze der Gas- und Wasserleitungshähne ist vor dem Abzuge in der Höhe der Arbeitsplatte
eine horizontale Messingstange angebracht. Diese verhindert das
Hängenbleiben mit den Kleidern und ein unbeabsichtigtes Oeffnen
der Hähne durch Anstossen. Die Rückwände der Abzüge sind mit
weissen Steingutkacheln bekleidet.

Da im pharmaceutischen Praktikum und bei der Herstellung
von Präparaten viel mit starken Mineralsäuren und übelriechenden
Stoffen gearbeitet wird, ist für deren schnelle und bequeme Beseitigung nach dem Gebrauch besondere Fürsorge getroffen. Angeregt
durch eine ebenfalls im chemischen Universitätslaboratorium zu
Halle befindliche Einrichtung, liessen wir in mehreren Räumen besondere Säureausgüsse konstruiren, die sich auf das Beste bewährt
haben. Auf einem starken schmiedeeisernen Gestell ruht ein grosser
Sandsteintrog, an den sich auf der unteren Seite ein Bleirohr anschliesst, welches in ein senkrecht abfallendes starkes Thonrohr
mündet. Ein kleines bleiernes Einsatzsieb dient dazu, Papierstücke,
Glassplitter und andere feste Körper zurückzuhalten. Ueber dem
Sandsteintrog ist ein an der mit weissen Kacheln bekleideten Wand
drehbar befestigter Wasserhahn angebracht. Auf dem Troge sitzt
ein viereckiges gut schliessendes Glasgehäuse, dessen Schiebfenster
und Ventilation gerade so eingerichtet sind wie bei den Abzügen.
Da Glas- und Porzellangefässe beim Aufsetzen auf Stein leicht zerbrechen, ist die obere Kante des Sandsteintroges mit starken Bleiplatten belegt. In eine derartige Ausgussvorrichtung kann man die
übelriechendsten Stoffe entleeren und zugleich die Gefässe ausspülen, ohne dass die Zimmerluft auch nur im Geringsten verunreinigt wird.

5. Ventilation. Das Laboratorium konnte bei seiner Neueinrichtung keine Centralventilation erhalten, so dass wir darauf angewiesen waren, die einzelnen Arbeitssäle mit Ventilationsanlagen zu versehen. Zu diesem Zweck hat uns die elektrotechnische Werkstätte (G. m. b. H.) zu Darmstadt zwei Ventilatoren mit elektri-schem Antrieb gebaut, die ganz vorzüglich funktioniren. Sie besitzen einen Flügeldurchmesser von 35 cm und sind in je einem Fenster der beiden grossen Arbeitssäle mittelst eines Holzkastens befestigt. Auf der Zimmerseite jedes Kastens befindet sich eine Glasthür, welche mit Hülfe einer Schnur von unten aus geöffnet und ge-schlossen werden kann. Auf der Strassenseite ist der Kasten mit einem jalousieartigen Blechgitter versehen, um Schnee, Regen und Staub abzuhalten. Das Anlassen der Ventilatoren erfolgt von den nebenliegenden Assistentenzimmern aus; mit Hülfe eines kleinen Widerstandes lässt sich die Umdrehungsgeschwindigkeit nach Be-lieben regeln. Jeder Ventilator braucht bei 110 Volt 1 Ampère, und kommt demnach der Betrieb auf ca. 2 Pf. pro Stunde zu stehen.

Da die Metalltheile des Triebwerkes von der Laboratoriums-luft zu sehr angegriffen werden würden, ist der ganze Mechanismus in ein luftdichtes, mit Lack mehrfach überzogenes Metallgehäuse eingeschlossen. Die automatische Schmiervorrichtung kann sehr viel Oel fassen und braucht nur alle Vierteljahre einmal gefüllt zu werden. Ausser diesem Ventilator sind in jedem der grossen Säle noch drei Luftkanäle mit Lockflammen vorhanden. Die übrigen Arbeitsräume werden ausschliesslich mit diesen Luftkanälen ventilirt.

6. Apparate zum allgemeinen Gebrauch. Schliesslich sollen an dieser Stelle noch einige Apparate besprochen werden, welche für den allgemeinen Gebrauch bestimmt sind und deren Beschreibung bei den einzelnen Räumlichkeiten zu Wiederholungen führen würde.

a) Wasserdestillirapparat mit Trockenschrank (Fig. 1). Derselbe wurde von der Firma Wilhelm Bitter in Bielefeld gebaut. Er besteht aus drei Haupttheilen: dem Dampferzeuger (Fig. 1 a), dem Trockenschrank (Fig. 1 d) und dem Kondensationsapparat (Fig. 1 b). In dem Aufriss (Fig. 1 a, b) sind diese drei Theile in einer Linie an-geordnet, in Wirklichkeit befinden sie sich in verschiedenen Räumen (Fig. 1 c): der Dampfentwickler in der Mechanikerwerkstätte, um diese gleichzeitig zn erwärmen, der Trockenschrank mit einem Behälter für warmes destillirtes Wasser auf dem Korridor, wo er allen Praktikanten leicht zugänglich ist, und der Kondensationsapparat im Dienerzimmer, damit das warme Kühlwasser zum Spülen benutzt werden kann.

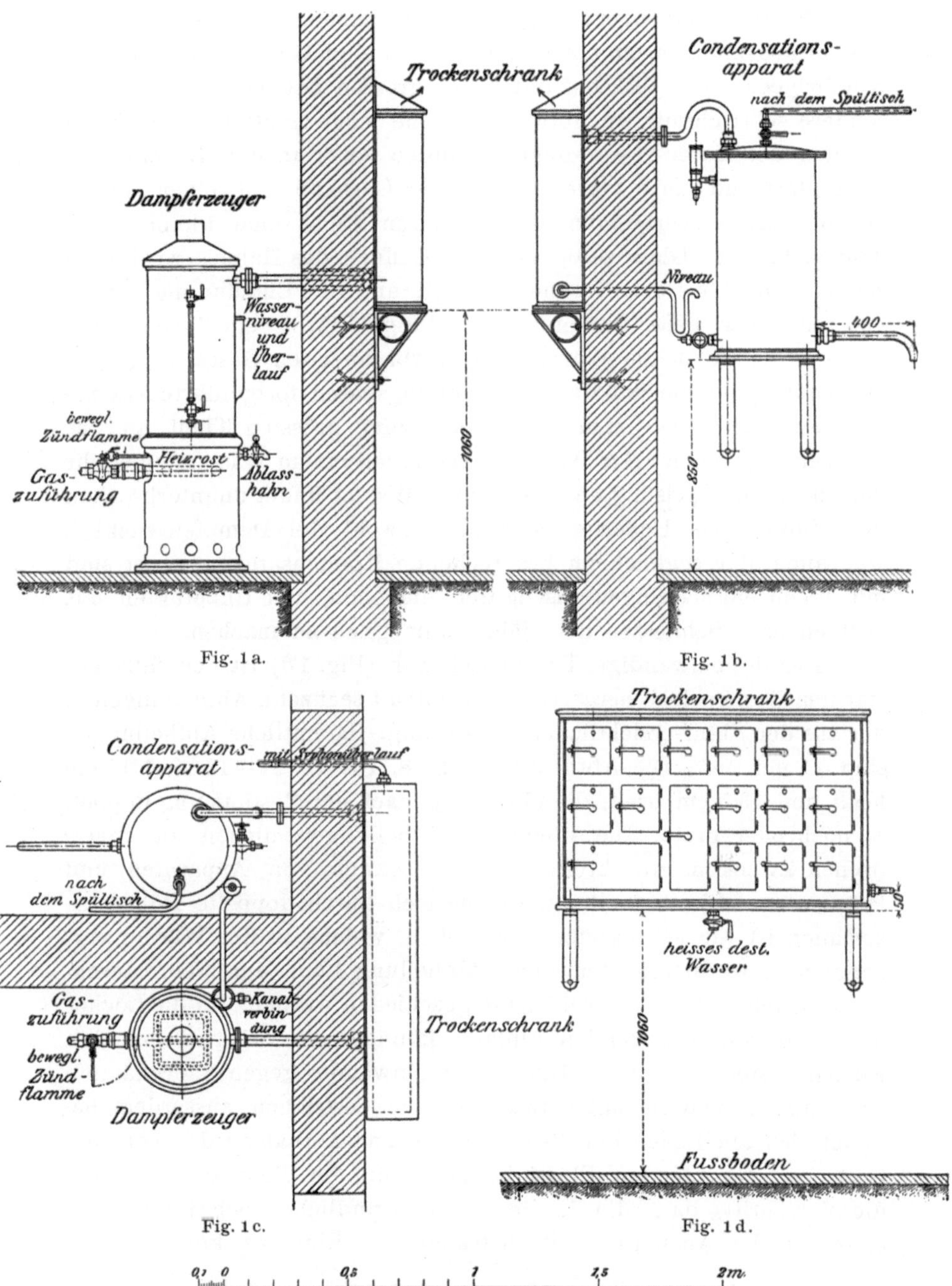

Fig. 1. Wasserdestillirapparat mit Trockenschrank.

Der Dampferzeuger (Fig. 1a), dessen Heizung mit Gas stattfindet, besteht aus einem 90 cm hohen und 35 cm weiten Cylinder aus starkem Kupferblech. Für das Anzünden des grossen Brenners ist eine besondere Vorrichtung angebracht, welche eine Explosion des beim Oeffnen des Hahnes vor dem Anzünden austretenden Leuchtgases verhindert und darin besteht, dass der Gashahn mit einer durchbohrten Röhre verbunden ist, an deren Ende eine kleine Stichflamme brennt. Gleichzeitig mit dem Oeffnen des Hahnes wird diese Zündflamme über den Brenner bewegt, und die Entzündung erfolgt nur mit einer ganz geringen Verpuffung. Durch ein System von Siederöhren wird die Wärme des verbrennenden Gases möglichst ausgenützt und die mit den Verbrennungsgasen fortgeführte Wärme wird auf dem Wege zum Schornstein zum grössten Theil an das Zimmer abgegeben. Der Wasserkessel ist mit einem Wasserstandsrohr versehen. Die Speisung des Kessels mit Wasser findet ununterbrochen mit Hülfe eines Ueberlaufes statt. Sowohl der Dampfentwickler, wie auch der sogleich zu besprechende Kondensationsapparat sind mit einem engmaschigen Eisengitter umgeben, um Unbefugten das Oeffnen oder Schliessen der Hähne unmöglich zu machen.

Der doppelwandige Trockenschrank (Fig. 1d) ist ebenfalls aus starkem Kupferblech hergestellt. Er enthält sechzehn Abtheilungen in der aus der Figur ersichtlichen Anordnung. Sämmtliche Abtheilungen sind 14 cm tief. Die Abtheilungen 1—8, 10—12, 14—16 sind 17 cm hoch und 13,5 cm breit, die übrigen je nach der Bestimmung doppelt so hoch oder breit. Die kleineren Abtheilungen dienen zu analytischen Zwecken, die breiten zum Trocknen von Apparaten und Präparaten. Die Abtheilung, welche sich durch doppelte Höhe auszeichnet, ist für Filtrationen vorgesehen, welche in der Wärme vorgenommen werden müssen. Jede Abtheilung kann durch eine durchlochte Kupferplatte in zwei Theile geschieden werden. In die Löcher dieser horizontal liegenden Einlage können die Trichter mit den Filtern gesteckt werden. Um die Innenwände gegen Säuredämpfe zu schützen, sind sie mit schwarzem Lack bestrichen, ausserdem befindet sich am Boden ein Blechkästchen zur Aufnahme der von den Gefässen abtropfenden Flüssigkeiten. Für die Benutzung besteht die Vorschrift, dass die in Gebrauch befindlichen Schränke durch einen an der Aussenseite zu befestigenden Ring zu kennzeichnen sind, um ein unnöthiges Oeffnen der einzelnen Abtheilungen zu verhindern. Aus dem unterhalb des Schrankes angebrachten Behälter für heisses destillirtes Wasser füllen die Praktikanten ihre Spritzflaschen und andere Geräthe. Diese Einrichtung erfreut sich allgemeiner Beliebtheit und wird viel benutzt.

Der im Trockenschrank nicht kondensirte Dampf wird durch die Wand nach dem im Dienerzimmer stehenden Kondensationsapparat (Fig. 1b) geleitet, dessen heisses Kühlwasser eine zu den beiden Spültrögen führende Warmwasserleitung speist. Der Dampfapparat wird an den Arbeitstagen morgens 8 Uhr angeheizt und bleibt bis zum Schluss des Laboratoriums brennen. Ausser dem im Trockenschrank kondensirten Wasser liefert er das für das Laboratorium nöthige destillirte Wasser. Da für viele physikalisch-chemische Versuche, wie z. B. elektrische Leitfähigkeitsbestimmungen von Lösungen, Löslichkeitsversuche etc., ein besonders reines Wasser nöthig ist, wurde zu dessen Herstellung ein besonderer Destillationsapparat in Aussicht genommen. Die Aufstellung desselben konnte aber unterbleiben, da der oben beschriebene Apparat ein Wasser liefert, welches ohne jede weitere Reinigung die auf Quecksilber bezogene durchschnittliche specifische elektrische Leitfähigkeit $1,8 \times 10^{-10}$ hat. Diejenige des im Trockenschrank kondensirten Wassers beträgt sogar nur etwa $0,8 \times 10^{-10}$ und sinkt beim Durchleiten von kohlensäurefreier Luft auf $0,5 \times 10^{-10}$ herab. Ein Wasser von solcher Reinheit wurde unseres Wissens bisher noch bei keinem Apparat ähnlicher Grösse erzielt. Zur Aufbewahrung des destillirten Wassers in den Arbeitsräumen dienen grosse Steingutbehälter von ca. 100 Liter Inhalt. Auf einem niedrigen Holzuntersatz stehend, beanspruchen sie nur wenig Raum und sind leicht zu füllen. Die Wasserentnahme findet durch eingeschliffene Steinguthähne statt.

Ausser dem oben beschriebenen Dampftrockenschranke sind in den einzelnen Zimmern noch eine Anzahl grösserer und kleinerer Trockenschränke neuerer Konstruktion mit doppelten Wandungen angebracht, bei denen die mit den Heizgasen fortgeführte Wärme nutzbar gemacht wird. Der grösseren Haltbarkeit und Sauberkeit wegen wurden sämmtliche Schränke aus Kupferblech hergestellt und mit Asbestpappe umkleidet.

b) Geräthe zur Aufbewahrung und Zerkleinerung des

Eises. Da der Bedarf an Eis wegen der zunehmenden Bedeutung der physikalisch - chemischen Messmethoden im chemischen Laboratorium immer grösser wird, wurde neben den Eisschränken noch eine besondere Eiskiste angeschafft, welche einen nutzbaren Raum von 50 cm Höhe, 44 cm Breite und 45 cm Tiefe hat. Die Zerkleinerung des Eises wird je nach Bedarf von den Praktikanten in einem grossen Holzmörser mit Holzpistill vorgenommen. Die innere Höhlung des Mörsers ist 25 cm tief und hat einen Durchmesser von 24 cm. Von den beiden Eisschränken dient der grössere für wissenschaftliche Zwecke, er enthält drei geräumige Abtheilungen zum Einstellen von Gefässen aller Art. Im kleineren werden die Getränke aufbewahrt, welche der Diener an die Praktikanten abzugeben die Berechtigung hat.

c) Heisswasserapparate. Sehr zweckmässig für den Gebrauch im chemischen Laboratorium sind die Heisswasserapparate, welche zuerst für medicinische Zwecke konstruirt worden sind und sich in neuerer Zeit auch in den Haushaltungen immer mehr einbürgern. Sie bestehen aus einem hohlen Rippenkörper aus Bronce, der wegen seiner grossen Oberfläche durch eine Anzahl kleiner Gasflämmchen schnell erwärmt werden und die Wärme auf das durchströmende Wasser übertragen kann. Da der Apparat direkt an die Wasserleitung angeschlossen und mit einem immer brennenden Sparflämmchen versehen ist, so dass er jeden Augenblick benutzt werden kann, ersetzt er fast vollkommen eine Heisswasserleitung. Ausserdem lässt er sich ganz vorzüglich als Dampfentwickler benutzen, wenn man den Wasserzufluss entsprechend vermindert. Das in den heissen Rippenkörper eintretende Wasser wird dann vollkommen vergast und der Dampf strömt in einem gleichmässigen Strahle mit dem gleichen Druck aus, wie ihn die Wasserleitung besitzt.

d) Heizplatten. Der niedrige Preis der Werkelektricität ermöglicht es, sie in geeigneten Fällen zu Heizzwecken zu verwenden. Die betreffenden Apparate haben den grossen Vortheil, dass sie wenig Raum beanspruchen, in jeder Stellung benutzt werden können und beim Verdampfen leicht brennbarer Flüssigkeiten jede Entzündungsgefahr ausschliessen. Wir verwenden theils viereckige Heizplatten von 40 cm Länge, 10 cm Breite und 3 cm Dicke, theils runde von 11 cm und 16 cm Durchmesser. Eine einfache Vorrichtung gestattet, jeden Apparat mit drei verschiedenen Stromstärken zu benutzen. Schliesslich sei noch auf einen Vortheil dieser Heizplatten hingewiesen, der ihre allgemeine Verwendung bei organischen Arbeiten und zum Verdampfen der Ausschüttelungen bei der Untersuchung auf Pflanzengifte sehr wünschenswerth macht. Da die Temperatur auf ihrem

Fig. 2. Natriumpresse.

Maximum dauernd verharrt und durch die Wahl passender Stromstärken beliebig eingestellt werden kann, können Flüssigkeiten weder überkochen, noch findet eine Ueberhitzung des Verdampfungsrückstandes statt.

e) Elektrische Centrifuge. Sie besteht aus einem kleinen Elektromotor, dessen senkrecht stehende Welle vier bewegliche

Metallhülsen zur Aufnahme von Glascylindern trägt. Damit beim eventuellen Zerbrechen derselben die Flüssigkeit nicht umher geschleudert wird, ist der obere Theil des Apparates von einem Schutzmantel umgeben. Mit Hülfe eines Rheostaten lässt sich die Geschwindigkeit beliebig reguliren. Diese Centrifuge eignet sich besonders zum Trennen der Krystalle von der Mutterlauge und zur Isolirung von Harnsedimenten und sonstigen Niederschlägen.

f) Pressen. Zum Auspressen von Filter- und Kolirrückständen benutzen wir eine einfache starkgebaute Plattenpresse. Besondere Sorgfalt wurde auf die Herstellung der Natriumpresse (Figur 2) verwendet. Die Metalltheile sind ähnlich dem seiner Zeit in den Berliner Berichten veröffentlichten Modell konstruirt. An der Vorderseite des Tisches, auf dem die eigentliche Presse montirt ist, sind mehrere herausziehbare Bretter angebracht, welche das bequeme Unterstellen von Gefässen jeder Form und Grösse gestatten.

g) Gebläse. Zur Verdampfung von Lösungen in leichtflüchtigen Lösungsmitteln bei Zimmertemperatur, eine Operation, die bei organischen Arbeiten ja sehr häufig vorkommt, haben wir ein grosses dreistrahliges Müncke'sches Wassergebläse auf dem Korridor der chemischen Abtheilung anbringen lassen. Die Pressluft, die unter ganz erheblichem Druck steht, wird von hier aus in verschiedene Räumlichkeiten geleitet, so dass die gleichzeitige Benutzung an mehreren Arbeitsplätzen möglich ist. Auch für die Gasgebläse zum Glasblasen und dauernden Erhitzen von Geräthen aller Art lässt sich der Apparat bequem verwenden.

III. Räume für allgemeine Zwecke.

Da, wie Eingangs erörtert, die baulichen Einrichtungen des Laboratoriums gegeben waren und daran nicht viel geändert werden konnte, liessen sich die Räume nicht ganz in der Weise vertheilen, wie es im Interesse des jetzigen Unterrichts wünschenswerth gewesen wäre.

Ein grosser Vortheil war es, dass die Anlage eines Aufzuges genehmigt wurde, welcher die Beförderung von Waaren und Geräthen aller Art zwischen dem Erd- und Kellergeschoss vermittelt und so gelegen ist, dass dadurch der Verkehr auf dem Korridor in keiner

Weise beengt wird. Seine Grössenverhältnisse sind so gewählt, dass auch die grössten Säureballons bequem transportirt werden können.

Da bei einer so grossen Zahl von Praktikanten, wie sie gegenwärtig im Institut beschäftigt wird, die Ausgabe von Analysen, das Ausleihen von Gebrauchsgegenständen aller Art, der Verkauf von Chemikalien und Geräthen nur durch schriftliche Vereinbarungen geregelt werden kann, sind überall in den Assistentenzimmern, den Vorrathsräumen und auf den Korridoren kleine Schreibpulte angebracht, die theilweise mit einem verschliessbaren Unterbau zum Aufbewahren von Büchern und Schreibutensilien versehen sind.

1. Waagezimmer (No. 18[1]). Das geräumige zweifenstrige Zimmer ist nach Westen gelegen. Die Waagen stehen theils längs der Wand auf einer langen von eisernen Trägern gestützten Schieferplatte, theils in der Mitte des Zimmers auf Tischen mit schweren Schieferplatten. Unterhalb des Wandtisches sind 72 nummerirte und verschliessbare kleine Schubkästen angebracht, in denen die Praktikanten ihre Gewichtssätze aufbewahren. Ausser einigen bereits vorhandenen älteren Waagen benutzen wir fast ausschliesslich die analytischen Waagen von Verbeek und Peckholdt in Dresden. Da die metallenen Waagschaalen bei längerem Gebrauch meist sehr unansehnlich werden und beim unvorsichtigen Umgehen mit ätzenden Flüssigkeiten leicht

Fig. 3. Waagschaale mit abnehmbarer Glasplatte.

unaustilgbare Flecken erhalten, haben wir unsere Waagen nach Figur 3 mit leichten geschliffenen Glasplatten versehen lassen. Diese liegen auf einem an den Bügeln befestigten Metallring und werden durch zwei Stifte, die in zwei eingeschliffene Löcher der Platten passen, am Verschieben gehindert. So können sie leicht

---

[1]) Die Nummern beziehen sich auf den dieser Beschreibung am Schlusse beigegebenen Grundriss.

abgenommen und von Staub und anderen Unreinigkeiten bequem gereinigt werden. Eine Preiserhöhung wird durch diese Einrichtung nicht hervorgebracht.

2. Bibliothek (No. 10). Bei Einrichtung der Bibliothek wurden ausser der rein chemischen auch die chemisch-technische, pharmaceutische, medicinisch-chemische und nahrungsmittel-chemische Litteratur berücksichtigt. In Folge des raschen Fortschreitens der Wissenschaft gingen wir bei den Zeitschriften fast niemals weiter zurück als bis zum Jahrgang 1870, in den meisten Fällen beginnen die Serien in den achtziger Jahren. Auch von den entfernteren Hilfswissenschaften wurden ausführliche Handbücher angeschafft. Das Verständniss für die fremdsprachliche Fachlitteratur wird durch verschiedene Wörterbücher gefördert, während dem Interesse an den Tagesereignissen durch das Abonnement auf die Chemikerzeitung, die pharmaceutische Zeitung und eine Tageszeitung Rechnung getragen wird. Ein Handatlas, ein Reichskursbuch und ein Uebersichtsplan der in Leipzig ankommenden und abgehenden Züge sollen den Mitgliedern des Laboratoriums die bestehenden Verkehrsmittel leicht zugänglich machen. Der in unmittelbarer Nähe der Bibliothek liegenden Fernsprechanlage, in der sich auch die nöthigen Adressbücher befinden, wurde schon oben gedacht.

3. Analysenausgabe (No. 22). Um den Unterrichtsassistenten die zeitraubende Herstellung der Analysenobjekte abzunehmen, wurde nach dem Vorbilde des hiesigen I. chemischen Laboratoriums eine besondere Analysenausgabe eingerichtet, in der auch gleichzeitig verschiedene für den allgemeinen Gebrauch bestimmte Geräthe wie Büretten, Platinschaalen, Scheidetrichter, Thermometer etc. aufbewahrt und den Studirenden gegen Empfangsbescheinigungen ausgegeben werden. Für jeden Analytiker wird bei Beginn des Semesters der Analysenplan festgelegt, so dass eine kurze Zahlenangabe des Unterrichtsassistenten in dem Protokollbuch, welches jeder Studirende zu führen hat, genügt, um die Verabfolgung der nächsten Analyse zu veranlassen. Der „Ausgabeassistent" ist in der Regel ein älterer Praktikant, der gleichzeitig seine Promotionsarbeit zum Abschluss bringt. Der Verkehr mit den Studirenden findet durch ein Schalterfenster in der Thür statt, da deren Gegenwart beim Mischen der Analysenobjekte ausgeschlossen werden muss.

4. Schwefelwasserstoffzimmer (No. 25). Dieser Raum wurde neben den medicinisch-pharmaceutischen Arbeitssaal gelegt und mit diesem durch eine Thür verbunden, da bei der Untersuchung auf Metallgifte besonders oft und in grösseren Mengen Schwefelwasserstoff gebraucht wird. Leider existirt noch kein Gasentwickler grösseren Maassstabes, dem man zu jeder Zeit beliebige Gasmengen entnehmen kann und der dabei nicht sehr viel Platz in Anspruch nimmt. Ferner hat bei allen grösseren Apparaten eine ungeschickte oder fahrlässige Behandlung, wie z. B. die Beschädigung der Leitungen, das Offenlassen eines Hahnes etc. — Vorkommnisse, die in einem grossen Laboratorium immer wiederkehren — leicht einen grossen Schaden an Materialien und längere Betriebsstörung zur Folge. In Folge dessen hielten wir es für zweckmässiger von einem grossen Entwickler abzusehen und zu den bewährten kleinen Kipp'schen Apparaten zurückzukehren. Ein geräumiger Abzug mit einer grösseren Anzahl derartiger Apparate von 2 und 3 Liter Inhalt wurde für die qualitativen Arbeiten eingerichtet, ein etwas kleinerer für die quantitativen. Die Anschaffung der Kipp'schen Apparate, deren Handhabung jedem Praktikanten geläufig ist, schien uns besonders auch deshalb wünschenswerth, weil bei der zweimal im Jahre stattfindenden pharmaceutischen Staatsprüfung eine grössere Anzahl von Examinanden die Untersuchungen auf Metallgifte gleichzeitig ausführen müssen und etwa eintretende Störungen in der Beschaffung dieses wichtigen Reagens dann besonders unangenehm sind.

Auch in diesem Raume befindet sich ein Säureausguss.

5. Verbrennungszimmer (No. 26). Für die Aufstellung der Verbrennungsöfen haben sich lange hölzerne Tische sehr zweckmässig erwiesen, die mit weissen Steingutkacheln belegt sind. Sie lassen sich stets sauber halten und erwärmen sich nur wenig, da die Wärme von der glänzend weissen Fläche zum grössten Theile zurückgestrahlt wird. Die Oefen sind durchgängig nach dem System von Volhard für kleine Flammen eingerichtet. Auch hier glaubten wir, dass es zweckmässig sei, von einer Centralanlage für die Zuleitung von Luft und Sauerstoff abzusehen, da bei gleichzeitigem Betrieb verschiedener Oefen sehr leicht Druckschwankungen und andere Störungen eintreten. Wir zogen es vor neben jeden Ofen zwei kleine gläserne Gasometer von ca. 15 Liter Inhalt zu stellen, welche durch

Kautschuckschläuche mit einer Schwachdruckwasserleitung verbunden werden können, wie sie oben Seite 29 beschrieben wurde. Das in dieser Leitung stets konstante Niveau bedingt eine gleichmässige Geschwindigkeit der Gase beim Durchtritt durch die Trockenröhren. Die Grösse der mit Handhaben versehenen Gasometer ist so gewählt, dass sie jeder Praktikant auch mit Wasser gefüllt leicht transportiren kann. Das Beschicken der Gasometer mit Luft oder Sauerstoff geschieht auf einem in Tischhöhe angebrachten flachen Sandsteintroge (50 cm lang, 50 cm breit, 4 cm tief), mit darüberliegendem Holzrost. Der Sauerstoff wird einem Stahlcylinder mit Druckreducirventil entnommen. An leicht zugänglicher Stelle auf dem Korridor ist ferner eine Tafel angebracht, auf welcher die Nummern der Oefen und die Namen der Wochentage verzeichnet sind. Die Praktikanten, welche eine Verbrennung ausführen wollen, haben ihre Namen in die entsprechenden Rubriken einzutragen. Dadurch wird jeder Irrthum ausgeschlossen und eine vollständige Ausnutzung der Oefen erzielt. Eine gleiche Einrichtung besteht auch für die Schiessöfen.

6. Schiessofenraum (No. 40). Derselbe ist im Kellergeschoss gelegen und vom Vorrathsraum für die Kohlen nur durch eine mannshohe Scheidewand getrennt, so dass die bei einer Explosion auftretenden Gase genügend Platz zur Ausbreitung haben. Die Bombenöfen, von denen vier Stück verschiedener Konstruktion vorhanden sind, stehen zu je zwei auf massiven Sandsteinplatten an den beiden Längswänden des Raumes. Zwischen den Oefen ist eine starke Schieferplatte angebracht, so dass für jeden derselben ein Platz von 2,15 m Länge zur Verfügung steht. Dieser Raum genügt, um die Röhren in die Oefen einzulegen oder herauszunehmen, ohne letztere verrücken zu müssen. An der Vorderseite der Steintische befinden sich ausser den Hähnen für die Gasleitung auch solche für die Wasserleitung zur Speisung der Kühler an den Volhard'schen Petroleumöfen.

7. Destillirzimmer (No. 19). Da die Ausführung grösserer Destillationen und anderer einen grösseren Apparatenaufbau erforderlicher Arbeiten in den Arbeitssälen mit mancherlei Unannehmlichkeiten und Gefahren verknüpft ist, wurde dafür, wie wohl in allen grösseren Laboratorien, ein besonderes geräumiges Zimmer vorgesehen. In diesem ist der Fussboden asphaltirt und mit einer Spülanlage versehen, so dass das ganze Zimmer bequem gereinigt und bei einem Brande mit Hülfe eines Sprenghahnes von der Thür aus unter Wasser gesetzt werden kann. Die Platten der massiven Tische sind theils von Eichenholz, theils von Schiefer. Auf letzteren sollen besonders alle Schmelzoperationen und Destillationen mit hochsiedenden Stoffen vorgenommen werden. Für Arbeiten, bei denen sich gesundheitsschädliche Dämpfe entwickeln können, sind ein Säureausguss und drei geräumige Abzüge vorgesehen, von denen einer ausschliesslich für die Arbeiten mit Flusssäure bestimmt ist. An einer Wand in einem verschliessbaren Kasten befindet sich die Entnahmestelle der Starkstromanlage von 200 Ampère und 220 Volt für die elektrischen Oefen. Schliesslich ist noch ein geräumiger Vorrathskasten zu erwähnen, der Steinsalz, Marmor und gewöhnlichen grauen Flussssand enthält. Letzterer dient ausser zum Füllen der Sandbadschaalen zum Löschen kleiner Brände. Eine Thür des Zimmers führt zu einer grossen asphaltirten Veranda, auf welcher ebenfalls gearbeitet werden kann.

8. Chemikalienausgabe (No. 5). Die räumlichen Verhältnisse gestatteten es leider nicht, diesen so viel in Anspruch genommenen Raum an einer allen Praktikanten des Laboratoriums bequem zugänglichen Stelle unterzubringen, wir mussten ihn vielmehr auf den Flügel der chemischen Abtheilung legen. Seine Beleuchtung findet ausschliesslich mit elektrischem Glühlicht statt, da hier eine Anzahl flüchtiger und leicht brennbarer Stoffe vorräthig gehalten werden müssen. Die grossen Vorräthe sind in einem feuersicheren Raume im Keller untergebracht. Als sehr praktisch haben sich die elektrischen Suchlampen erwiesen, welche, abgesehen von ihrem Gebrauch am Abend, die Benutzung der vom Tageslicht weniger erhellten Stellen der Wandbretter zum Aufstellen von Präparaten möglich machen. Ein mit Waage und Schreibpult versehener Verkaufstisch, dessen eine Hälfte sich in die Höhe klappen lässt, theilt den Raum in zwei Theile. In der nach der Thür zu gelegenen kleineren Abtheilung halten sich die Praktikanten auf, welche Waaren entnehmen wollen, während in dem mit Wandbrettern versehenen Vorrathsraum der mit der Ausgabe betraute Diener ungestört seinen Dienst versehen kann. Aethylalkohol, Aethyläther und Petroleumäther, welche sehr häufig und in grösseren Mengen verlangt werden, befinden

sich in grossen Blechbehältern, welche eine den Petroleum-
behältern der Materialwaarenhandlungen ähnliche Konstruktion besitzen. Der Ablaufhahn besteht bei dem Alkoholgefäss aus Messing,
bei dem Aethergefäss aus Feinsilber. Messing sowie Blei wurden
durch Aether zu stark angegriffen, Glas und Porzellan konnten
wegen ihrer Zerbrechlichkeit und der damit verbundenen Feuersgefahr nicht in Betracht kommen.

Mit dem Ablaufhahn steht ein gläserner Messcylinder in Ver-
bindung, so dass jedes Quantum abgemessen und in die darunter
stehenden Gefässe abgelassen werden kann. Diese Einrichtung hat
ausser der sehr schnellen und sauberen Handhabung noch den
Vortheil, dass die Flüssigkeiten nicht unnöthig verdunsten. Am
Fenster steht ein kleiner Arbeitstisch mit Schreibpult und seitlich
davon ein mit Waage und Wandbrettern versehener Abzug. Hier
werden alle starkriechenden und die Athmungsorgane belästigenden
Substanzen, wie Brom, Phosphorpentachlorid, Aluminiumchlorid etc.,
aufbewahrt und abgewogen. Von diesem Abzug aus führen zwei
Oeffnungen nach der Strasse, eine am Boden zum Abziehen von
Dämpfen, die specifisch schwerer sind als Luft, und eine höher gelegene für leichtere Dämpfe. Diese Einrichtung entspricht einer
ähnlichen im chemischen Laboratorium zu Halle. Sie bewährt sich
vorzüglich.

9. Glaskammer (No. 14). Der Verkauf von Glasgegenständen
und Geräthen aller Art wurde der Glasbläserei und Apparatenhandlung
von F. O. R. Götze übertragen und wird vom ersten Diener des
Laboratoriums besorgt. Ein ausführliches Preisverzeichniss der vorräthig zu haltenden Geräthe ist auf dem Korridor angeschlagen.

10. Vorrathsraum (No. 33). Derselbe liegt im Kellergeschoss
in unmittelbarer Nähe des Aufzuges. Der asphaltirte Fussboden hat
nach der Mitte zu etwas Fall, so dass verschüttete Flüssigkeiten
schnell durch einen dort angebrachten Kanal abfliessen können.
Die Beleuchtung geschieht mittelst einer elektrischen Glühlampe,
die in einen starken Glasbehälter eingesetzt ist. Das nach der
Strasse zu gelegene Fenster ist mit gelben Scheiben versehen, um
die chemisch wirksamen Strahlen abzuschwächen.

11. Das Dienerzimmer (No. 1), welches zugleich als Spülzimmer
benutzt wird, befindet sich unmittelbar neben dem Eingang. Es

dient dem zweiten Diener und der Waschfrau zum Aufenthalt. Das Reinigen der Gefässe findet in zwei grossen Steingutbecken statt, von denen das eine für die erste grobe Reinigung, das zweite zur vollständigen Säuberung bestimmt ist. Beide Becken haben ausser der Kaltwasserleitung noch die oben erwähnte Heisswasserleitung, die von dem in diesem Zimmer stehenden Kondensationsapparate gespeist wird. Starkriechende Stoffe werden in den Säureausguss entleert. Ausserdem befindet sich in diesem Raume noch der Eisschrank für die Getränke, die der erste Diener an die Praktikanten abgiebt, nebst dem dazu gehörigen Wandbrett für die Gläser.

12. Mechanikerwerkstätte (No. 2). Wie die Erfahrungen im Ostwald'schen Laboratorium gelehrt haben, ist es für den Unterricht sehr wichtig, dass den Studirenden Gelegenheit gegeben wird, einfachere Apparate sich selbst zu bauen oder doch zum Theil zusammen zu setzen. Die Praktikanten werden dadurch nicht nur in den Stand gesetzt, sich jederzeit zu helfen, wenn ein Apparat schlecht funktionirt, sondern sie dringen auch in den Geist der Arbeitsmethode viel vollständiger ein, als wenn sie einfach an den gebrauchsfertigen Apparat gesetzt werden, wie dies vielfach geschieht. Ausserdem gewährt es eine gewisse Befriedigung, einen Apparat selbst hergestellt zu haben und besonders denen, welche mit selbstständigen Arbeiten beschäftigt sind, wird auf diese Weise manche Ausgabe und mancher zeitraubende Weg zum Mechaniker, Glasbläser etc. erspart. Vielen Praktikanten macht dieses „Basteln" grosses Vergnügen, und ausserdem schärft es den Blick für maschinelle Einrichtungen, ein Faktor, der bei der rein theoretischen Ausbildung des Durchschnittschemikers nicht unterschätzt werden darf. Von diesen Gesichtspunkten ausgehend, wurde auf die Einrichtung einer Werkstätte besondere Sorgfalt verwendet. Es finden sich neben einem vollständigen Mechanikerwerkzeug mit Präcisionsdrehbank auch Utensilien zur Holzbearbeitung, ein grösserer Amboss, eine kleine Feldschmiede und Anderes mehr. Da die Geräthe in der Hand des Ungeübten sehr leiden und dem Mechaniker für die Arbeiten des Institutes jederzeit ein tadelloses Werkzeug zur Verfügung stehen muss, wurde ein besonderer allen Praktikanten zur Verfügung stehender „Arbeitsplatz für Studirende" eingerichtet und mit den nöthigsten Utensilien ausgestattet.

13. *Packraum* (No. 48), *Kistenraum* (No. 42), *Räume für Holz und Kohlen* (No. 39). Kisten, Ballons und andere Waarensendungen grösseren Umfangs können von der Hausflur aus direkt in den Lichthof transportirt und dort ausgepackt werden. Zu diesem Zwecke wurde der Hofraum zum Theil mit einem Glasdach und einigen geräumigen Zugängen versehen. Hier werden auch das Einpacken von leeren Emballagen und sonstige gröbere Arbeiten besorgt. Für leere Kisten und andere Geräthe, die nicht zurückgeschickt werden, ist ein besonderer Kistenraum eingerichtet worden, in dem auch die Kisten, welche Privateigenthum der Praktikanten sind, aufbewahrt werden. Zur Lagerung von Holz und Kohlen dient ein neben dem Raum für Schiessöfen liegender Raum.

14. *Klosets* (No. 45).

IV. Laboratorium und Sprechzimmer des Direktors (No. 8).

Das zweifenstrige Laboratorium des Direktors enthält einen Arbeitstisch mit Schränken und 2 Doppelplätzen, an welchen ausser dem Direktor noch 1—2 Assistenten arbeiten können. Die allgemeine Ausrüstung ist diejenige der übrigen Arbeitsräume. Von den 3 Thüren des Arbeitsraumes führt die eine zum Korridor, die zweite zu einer Abtheilung für Fortgeschrittenere, die dritte zum Sprechzimmer des Direktors.

V. Chemische Abtheilung.

Da für verschiedene chemische Arbeiten, wie quantitative und qualitative Analysen, Nahrungsmitteluntersuchungen, technisch-chemische Untersuchungen etc., keine getrennten Räume zur Verfügung stehen, müssen dieselben nothgedrungen in denselben Räumen ausgeführt werden.

Zu den analytisch-chemischen Arbeiten dient wesentlich der grosse Arbeitssaal des Nordflügels. Von dem Saal ist durch eine Gypswand ein Zimmer für den Assistenten abgetrennt, welches durch ein Schiebefenster den Arbeitssaal bequem überblicken lässt. Dieses Zimmer hat alle Vorrichtungen zur Ausführung gewöhnlicher chemischer Operationen wie auch Schreibarbeiten (Arbeitstische, Schränke, Abzug, Elektricität, Gebläse, Schreibpult u. a. m.).

Der Saal ist 14,2 m lang und 6,6 m breit und enthält
35 Arbeitsplätze (Fig. 4) mit Schränken.

Die beiden Schrankabtheilungen jedes Platzes können getrennt
an Vor- bezw. Nachmittagspraktikanten vergeben werden. An der
Wand nach dem Korridor befinden sich eine grössere Anzahl Ab-

Fig. 4. Arbeitstisch.

züge für qualitative bezw. quantitative Arbeiten, ein Säureausguss etc.
Die an der Fensterseite und parallel den Schmalseiten aufgestellten
Arbeitstische sind 86 bezw. 90 cm hoch, haben Eichenholzplatten
und so niedrige Aufsätze für die Reagentien, dass dadurch der Ueber-
blick über den Saal nicht behindert wird. Für jeden Arbeitsplatz

ist, wie auch in den anderen Arbeitssälen an der Stirnseite des Tisches ein hölzerner Kasten zur Aufnahme von Abfällen an Papier, Glas etc. angebracht. Diese Schmutzkästen zur Vermeidung von Feuersgefahr mit Blei auszuschlagen oder durch Steinguttöpfe zu ersetzen, bringt keinen Vortheil, weil dadurch der ebenfalls brennbare Tisch in keiner Weise geschützt wird und der Praktikant im Vertrauen auf die Feuersicherheit des Schmutzkastens achtloser im Wegwerfen von brennendem Material wird. Damit Streichhölzer, Cigarrenreste etc. nicht etwa in die Wasserbecken geworfen werden, ist auf jedem Arbeitsplatz ein Aschenbecher aus Porzellan aufgestellt.

Am Ende des Nordflügels findet sich zu beiden Seiten des Korridors je ein Arbeitszimmer. Dieselben enthalten Plätze für 1 Assistenten und 16 vorgeschrittenere Praktikanten, welche zumeist mit selbständigen Specialuntersuchungen beschäftigt sind.

VI. Medicinisch-pharmaceutische Abtheilung (No. 24).

Ehe wir zur Beschreibung der einzelnen Räumlichkeiten dieser Abtheilung übergehen, soll einiges über die Art und die Ziele des in ihnen stattfindenden Unterrichtes gesagt werden.

Bei den vielseitigen Anforderungen, welche in verschiedenen Wissensgebieten an den Studirenden der Medicin bereits in den ersten Semestern seines Studiums gestellt werden, kommt man immer mehr zu der Einsicht, dass für diesen die Ausführung der üblichen qualitativen Reaktionen und Uebungsanalysen, mit denen der Chemiker oder Pharmaceut seine praktische Thätigkeit im Laboratorium beginnt, keine zweckmässige Einführung in die Chemie ist. Wer sich einigermaassen mit der chemischen Ausbildung der „Mediciner" beschäftigt hat, wird wahrgenommen haben, dass zu Anfang des Semesters fast Alle dieser für ihr ganzes Studium so wichtigen Wissenschaft lebhaftes Interesse entgegenbringen, dass dieses Interesse aber von Tag zu Tag schwindet, bis schliesslich nur noch Wenige im Laboratorium erscheinen. Der Grund hierfür liegt nicht allein in der bei allen Studirenden mit dem Herannahen des Semesterschlusses sich mehr und mehr steigernden „Semestermüdigkeit", sondern zum grössten Theil in der Art und Weise der Beschäftigung. Die Ausführung der qualitativen Reaktionen und Analysen bildet wohl für das Fachstudium eine treffliche Vorschule, für den Studirenden der Medicin aber, der nur ein oder höchstens zwei Semester hindurch einige Stunden am Tage dem chemischen Laboratorium widmen kann, ist dieser Lehrgang viel zu breit angelegt und bietet zu wenig Abwechselung. Da der Mediciner die praktischen Arbeiten nicht gleichzeitig durch theoretische Studien unterstützen kann, verliert er alsbald das volle Verständniss für die theoretischen Vorgänge bei seinen Arbeiten und damit das eigentliche Interesse an deren Ausführung. Wohl sind auch wir der Ansicht, dass der Arzt nicht tief genug in das Studium der Chemie eindringen kann und dass die analytischen Arbeiten, wenn auch in stark modificirter Form, die Grundlage für seine praktische chemische Ausbildung bilden müssen, aber in den Rahmen des heutigen medicinischen Studiums passt diese Art des Unterrichtes nicht. Hoffentlich lässt die geplante Reorganisation des medicinischen Studiums der Chemie die ihr gebührende Stellung zu Theil werden! Mit Rücksicht auf die eben besprochenen Verhältnisse haben wir, wie es auch an anderen Universitäten bereits der Fall ist, Kurse eingerichtet, die an zwei Wochentagen in je zwei aufeinander folgenden Stunden abgehalten werden. Die Zeit wird in einer zu Beginn des Semesters abgehaltenen Vorbesprechung nach den Wünschen der Theilnehmer festgesetzt. Der Unterricht ist gleichzeitig praktisch und theoretisch und wird in der Weise gehandhabt, dass in einem Semester sämmtliche für den Arzt besonders wichtigen Stoffe und Reaktionen der anorganischen und organischen Chemie abgehandelt werden. Zunächst wird der Unterrichtsgegenstand in der Form eines Kolloquiums theoretisch besprochen, wobei die betreffenden Reaktionsgleichungen von einem der Praktikanten an die Tafel geschrieben werden. Daran schliesst sich unmittelbar der experimentelle Theil an, indem die physikalischen und chemischen Eigenschaften der Stoffe untersucht und die wichtigsten qualitativen Reaktionen angestellt werden. Jeder Theilnehmer bekommt für die Dauer des Semesters eine Anzahl Geräthe vom Laboratorium geliehen, über die noch unten die Rede sein wird. Die Chemikalien werden, soweit sie nicht auf den Arbeitsplätzen vorhanden sind, durch den Famulus während des Praktikums ausgegeben. Diese Form des Unterrichts hat sich während der drei Semester seines Bestehens unter den Studirenden

4*

grosser Beliebtheit erfreut, wofür unter Anderem das fast vollzählige Erscheinen bis zum Schluss des Semesters Zeugniss ablegt.

Der chemische Unterricht der Pharmaceuten erstreckt sich auf deren specifisch pharmaceutische Ausbildung: die Untersuchung von Nahrungsmitteln auf Metallgifte und flüchtige Gifte, die Vervollkommnung in der Untersuchung von Arzneimitteln und die Anleitung zur Herstellung pharmaceutisch-chemischer Präparate. Von der Unterweisung in der Auffindung von Pflanzengiften wurde zu Gunsten der praktisch immer grösseres Interesse beanspruchenden Arzneimittelprüfungen abgesehen, da die Ausführung derartiger Untersuchungen nur in ganz seltenen Fällen Apothekern übertragen wird, so weit sie nicht noch eine besondere Ausbildung erhalten haben. Das pharmaceutische Praktikum ist halbtägig.

Die medicinisch-pharmaceutische Abtheilung (No. 24) umfasst einen grossen Arbeitssaal, das dazugehörige Assistentenzimmer (No. 23) und ein Dunkelzimmer (No. 27) zur Untersuchung auf flüchtige Gifte. Der 16,5 m lange, 6,6 m breite und 4,15 m hohe Arbeitssaal (No. 24) (Figur 5) enthält 34 Arbeitsplätze, welche wie bei der chemischen Abtheilung an Vormittags- und Nachmittagspraktikanten vergeben werden können. Für den medicinischen Unterricht ist auf einem 60 cm hohen Podium ein kleiner Experimentirtisch mit zwei dahinterliegenden geräumigen Wandtafeln und einem Reagentienbrett angebracht. Der Experimentirtisch ist mit Gas- und Wasserleitung, elektrischer Stark- und Schwachstromanlage, einer Wasserluftpumpe und einem Heisswasserapparat ausgestattet. Um die Praktikanten während der theoretischen Auseinandersetzungen nicht durch langes Stehen zu ermüden und ihnen Gelegenheit zu geben, sich schriftliche Notizen zu machen, sind in dem Saal für alle Praktikanten einfache Holzschemel aufgestellt. Ausser den gebräuchlichen Reagentien sind auf einem besonderen Wandbrett noch sämmtliche Reagentien des Deutschen Arzneibuches vorhanden. Für die präparativen Arbeiten der Pharmaceuten ist eine empfindliche Tarirwaage mit Gewichten aufgestellt. Sowohl die Mediciner, als auch die Pharmaceuten bekommen vom Laboratorium die nöthigsten Arbeitsgeräthe geliefert. Diese Inventarien werden den Praktikanten bei Beginn des Semesters gegen Hinterlegung eines kleinen Geld-

Fig. 5.   Arbeitssaal.

betrages verabfolgt, der bei der Rückgabe nach Beendigung der Arbeiten zurück erstattet wird.

Bei der Zusammenstellung des Inventars für die Mediciner gingen wir von dem Grundsatz aus, ihnen so wenig wie möglich Ausgaben aufzuerlegen, da für sie die Geräthe nach Beendigung der Arbeiten mehr oder weniger werthlos werden, obwohl sie nur unbedeutend abgenutzt sind, und weil die Studirenden derartigen Geldausgaben sehr wenig Sympathie entgegen bringen. Um unliebsamen Verwechslungen vorzubeugen und beim Aufräumen liegengelassene Gegenstände dem Eigenthümer zurückstellen zu können, sind sämmtliche Inventarstücke mit Ausnahme der Porzellanmörser, Probirgläser und Glühröhrchen mit deutlichen Nummern versehen. Auf den Metallgeräthen ist die Bezeichnung direkt oder auf angehängten Blechmarken eingeschlagen, auf Glasgeräthen mit Aetztinte und auf den Handtüchern mit einem Farbstempel angebracht. Die Pharmaceuten bewahren die Inventargegenstände in den Schränken der Arbeitsplätze auf, für die Mediciner wurden besondere auf dem Korridor stehende Schränke mit herausnehmbaren Schubladen gebaut, auf denen das ganze Arbeitsgeräth bequem zu den Plätzen getragen werden kann. Für den Unterricht in dieser Abtheilung sind schliesslich noch eine vollständige Sammlung aller pharmaceutisch und medicinisch wichtigen Chemikalien und Rohprodukte und eine Anzahl technischer und zum Experimentiren nöthiger Apparate angeschafft worden.

Das Assistentenzimmer (No. 23) liegt neben dem Arbeitssaal und ist mit diesem durch eine Thüre verbunden.

Das „toxikologische Dunkelzimmer" (No. 27) hat seinen Eingang vom Verbrennungszimmer aus. Es besitzt keine Fenster und ist vollkommen schwarz angestrichen. Mit Hülfe einer elektrischen Glühlampe kann man das Zimmer rasch hell und dunkel machen. Hier werden die Destillationen zur Ermittelung von flüchtigen Giften in Speisen etc. vorgenommen und die Verdunkelungsvorrichtung bezieht sich auf den charakteristischen Nachweis des Phosphors durch sein Leuchten. Um die Ordnung in diesem etwas abgelegenen Raum aufrecht zu erhalten, sind für dessen Benutzung besondere Vorschriften ausgearbeitet worden.

VII. Räume für besondere Arbeiten.

Ausser den bisher besprochenen Räumlichkeiten wurden noch einige Zimmer für besondere Arbeiten vorgesehen, die nur zeitweise benutzt werden und wegen Mangels an Platz am ehesten in das Kellergeschoss verlegt werden konnten.

1. Zimmer für physikalisch-chemische Messungen (No. 29). Hier werden besonders die Messungen ausgeführt, die durch das unvermeidliche Geräusch und die vielen Erschütterungen in den gemeinschaftlichen Arbeitszimmern zu sehr beeinträchtigt werden würden, wie z. B. die Bestimmung von Dielektricitätskonstanten, elektrische Leitfähigkeitsmessungen und Arbeiten mit dem Spiegelgalvanometer. Ausserdem befindet sich in diesem Raum eine Sammlung der Beckmann'schen Apparate für die Molekulargewichtsbestimmungen nach der Gefrier- und Siedemethode. Die in den Unterrichtsplan für Chemiker aufgenommenen Arbeiten mit diesen Apparaten werden meist in den oberen Arbeitssälen vorgenommen.

Von den hier aufgestellten Apparaten seien zwei grosse Thermostaten mit elektrischer Rührvorrichtung erwähnt. Der eine von den 140 Liter fassenden Behältern ist auf die von W. Ostwald für die physikalisch-chemischen Messungen eingeführte Temperatur 25° und der andere auf die Zimmertemperatur 18° eingestellt. Die Temperatur wird durch zwei Ostwald'sche Gasthermoregulatoren konstant erhalten. Die Rührvorrichtung, welche auch zum Rotirenlassen von Gefässen aller Art eingerichtet ist, wird durch einen kleinen Elektromotor angetrieben, der nur 0,2 Ampère Stromstärke beansprucht und trotzdem ziemliche Kraft entfaltet. Da die Zimmertemperatur im Sommer vielfach höher als die der Thermostaten ist, sind beide Wasserbehälter mit Kühlschlangen versehen, welche direkt an die Wasserleitung angeschlossen sind. Für elektrische Leitfähigkeitsmessungen ist von diesen beiden an der Rückwand des Zimmers stehenden Thermostaten ein doppeltes starkes Kabel an der Decke entlang nach dem am Fenster gelegenen Arbeitstisch mit den Messgeräthen gelegt.

2. Photographisches Dunkelzimmer für Amateure (No. 28). Dieser Raum entspricht dem im Erdgeschoss gelegenen toxikologischen Dunkelzimmer. Bei der besonders bei den Studirenden der

Naturwissenschaften immer mehr zunehmenden Vorliebe für Amateur-
photographie kam uns der für andere Zwecke ohnehin nicht be-
nutzbare kleine Raum sehr zu Statten, da die Ausführung derartiger
Arbeiten in dem für wissenschaftliche Zwecke bestimmten Dunkelzimmer zu steten Unzuträglichkeiten führen muss. Das Zimmer ist
schwarz gestrichen, hat Gas- und Wasserleitung und eine elektrische
Lampe, welche je nach Stellung des Schirmes rothes, gelbes und
weisses Licht ausstrahlt.

3. *Dunkelzimmer für wissenschaftliche Photographie und
andere Arbeiten* (No. 30). Bei der Einrichtung dieses Raumes diente
uns theilweise das photographische Dunkelzimmer der hiesigen
Sternwarte zum Muster, und wir haben mit Rücksicht auf die sich
stetig steigernde Bedeutung dieses Specialgebietes gesucht möglichst
zweckentsprechende Anordnungen zu treffen. Das Zimmer ist 5,15 m
lang, 3,10 m breit und 3 m hoch. Es hat ein Fenster nach der
Strasse zu, welches mit besonderen Einrichtungen für natürliche und
künstliche Beleuchtung versehen ist. Durch einen in der Fensternische angebrachten Friesvorhang kann zu grelles Tageslicht abgeblendet werden. An der Innenseite der Fensternische befindet sich
ein lichtdichter Laden, in dessen unteren Feldern rothe und gelbe
Scheiben derart angebracht sind, dass man nach Belieben rothes
oder gelbes Licht eintreten lassen kann. Auf die zweckmässige
Färbung der Scheiben wurde besonders Gewicht gelegt. Bei Abend
wird das Tageslicht durch zwei zwischen dem Fenster und Laden
befindliche elektrische Glühlampen ersetzt, welche vom Zimmer aus
nach Bedarf ein- und ausgeschaltet werden können. Die innere Beleuchtung ist auch elektrisch. Rechts und links vom Fenster steht
je ein Arbeitstisch mit Wandbrettern für die Reagentien, und
zwar ist der eine Tisch ausschliesslich zur Entwickelung, der andere
zur Fixirung bestimmt. Zwischen beiden Arbeitsplätzen befindet
sich ein geräumiges Thonbecken mit Brausevorrichtungen. Ausserdem sind noch zwei lange Arbeitstische und ein Instrumentenschrank
vorhanden. Der Ofen kann vom Korridor aus geheizt werden. Die
Wände des Zimmers, wie auch sämmtliches darin befindliche Mobiliar
sind tiefschwarz angestrichen. Der Eingang ist ausser durch eine
lichtdichte Thür noch mit einem dunklen Friesvorhang verschlossen,
so dass man in das Zimmer eintreten kann ohne Nebenlicht einzu-

lassen. Ausser den photographischen Arbeiten werden in diesem Zimmer noch Messungen mit dem Polarisationsapparat, Refraktometer etc. ausgeführt.

4. Abtheilung für Bakteriologie und physiologisch-chemische Arbeiten (No. 31 u. 32). Mit Rücksicht auf die vielen Beziehungen, welche die Chemie und speciell die Nahrungsmittelchemie zur Bakteriologie und Physiologie haben, mussten bei der Einrichtung eines Laboratoriums für angewandte Chemie Räumlichkeiten vorgesehen werden, in denen die nothwendigsten Experimentaluntersuchungen nach dieser Richtung hin ausgeführt werden können. Leider waren wir mit dem für diese Zwecke zur Verfügung stehenden Platz sehr beschränkt, doch glauben wir mit den in dieser Beziehung getroffenen Einrichtungen vorläufig auszukommen. Die Abtheilung besteht aus zwei Zimmern (No. 31, 32) mit den nöthigen Arbeitsplätzen und Geräthen, einem Thierstall (No. 37, 38) und einem neben diesem gelegenen Arbeitsraum.

Von grösseren Apparaten sei zunächst ein Brutschrank erwähnt, welcher mit seinem eisernen Untersatz 1,80 cm hoch ist und einen ovalen Brutraum von 65 cm Höhe, 32 cm kleinem und 60 cm grossem Durchmesser hat. Ausserdem ist die Einrichtung getroffen, dass er mit beliebigen Gasen jeden Feuchtigkeitgehaltes angefüllt werden kann. Dieser Apparat, sowie ein grosser kupferner Heissluftsterilisator mit einem nutzbaren Raum von 50 cm Höhe, 35 cm Breite und 35 cm Tiefe, wurden von der Berliner Firma Dr. H. Rohrbeck bezogen. Besondere Sorgfalt wurde auf Vorrichtungen zum Sterilisiren und Reinigen der Arbeitsgeräthe verwendet, da maligne Laboratoriumsinfektionen nicht zu den Seltenheiten gehören und die hier arbeitenden Praktikanten doch nicht so geübt sind wie geschulte Bakteriologen. Es besteht die Vorschrift, dass sämmtliche Glasgeräthe: Kolben, Trichter, Petrischaalen, Probirgläser etc. vor der Reinigung eine halbe Stunde lang in sodahaltigem Wasser gekocht werden müssen. Hierzu wurde ein besonderer Apparat konstruirt, der in Figur 6 und 7 abgebildet ist.

Auf einem fahrbaren eisernen Gestell mit einem grossen Gasbrenner steht ein nahezu cylindrisches Gefäss aus starkem Kupferblech von 70 cm Höhe, 65 cm unterem und 60 cm oberem Durchmesser. In diesem Gefäss befindet sich ein mit umlegbarem Henkel

versehener Kupferblecheimer von 63 cm Höhe und 53 cm Durchmesser. Der Bodenreifen dieses Eimers ist durchlocht und der Boden
selbst ist mit zahlreichen Löchern von 1 cm Durchmesser versehen,
sodass eine Flüssigkeit vom grossen Gefäss aus leicht in den Eimer
eintreten kann. In diesem Eimer sitzt auf drei Stützen 35 cm vom
Boden entfernt ein herausnehmbares Einsatzgefäss von 20 cm Höhe,

Fig. 6 und 7. Sterilisirapparat zum Auskochen der Geräthe.

dessen Boden und Deckel ebenfalls siebartig durchlocht sind. Soll
der Apparat benutzt werden, so bringt man die grösseren der zu steri-
lisirenden Gefässe in die untere Abtheilung des Eimers, die kleineren
in das Einsatzgefäss und setzt dessen Siebdeckel auf. Nun lässt
man aus einem in entsprechender Höhe angebrachten Wasserleitungs-
hahn das äussere Gefäss bis ziemlich zum Rande voll laufen, giebt
die nöthige Menge roher Soda zu, setzt den äusseren Deckel auf
und zündet den Brenner an. Nachdem das Wasser die vorgeschriebene

Zeit gekocht hat, wird der ganze Apparat über einen Wasserablauf
gefahren, mit einem am Boden angebrachten Hahn alles Wasser abgelassen und nun können die sterilen Geräthe herausgenommen und
gereinigt werden. Das Waschen geschieht in einem geräumigen mit
einem Heisswasserapparat versehenen Spültrog. Die zu dieser Abtheilung gehörigen Geräthe, einschliesslich der Glasgefässe, tragen
sämmtlich die Aufschrift: „Bakteriologische Abtheilung" und dürfen
nie in andere Abtheilungen des Institutes gebracht werden. Ein
grosser im Waschraum stehender Dampfdesinfektor von E. A. Lenz

Fig. 8. Thierkäfig.

in Berlin mit einem nutzbaren cylindrischen Raum von 53 cm Höhe
und 47 cm Durchmesser dient zur Sterilisation der Nährböden, Hand-
tücher, Arbeitsmäntel etc.

Der Thierstall (No. 37, 38), wie auch der davor gelegene Arbeitsraum, sind asphaltirt und mit Fussbodenentwässerung versehen. Die
Wände lassen sich leicht abwaschen, sodass bei Infektionskrank-
heiten der Versuchsthiere, die in den Laboratorien häufig beob-
achtet werden, der ganze Raum gründlich desinficirt werden kann.
Der eigentliche „Stall" (No. 38) besteht aus einem 4,35 m langen

Käfig, dessen Boden ca. 60 cm über dem Fussboden auf eisernen Trägern längs der Wand liegt und aus Schieferplatten besteht (Fig. 8).

Die obere und vordere Wand des Käfigs bestehen aus engmaschigem verzinkten Eisendrahtgitter, die Rückwand wird von der mit Holz verkleideten Mauer gebildet. Die erhöhte Lage hat den Vortheil, dass man von den Thüren aus mit der Hand bequem in alle Ecken des Innenraumes gelangen kann. Die Reinigung des Käfigs wird dadurch erleichtert, dass das Stroh, auf dem sich die Thiere befinden, nicht direkt auf den Schieferplatten, sondern in flachen, hölzernen und mit Zinkblech ausgeschlagenen Kästen liegt, die gut an einander passen. Diese Kästen können einzeln zwischen dem die Vorderwand bildenden Drahtgitter und der Schieferplatte herausgezogen und gereinigt werden. Das Futter und Trinkwasser wird in viereckige Steingutgefässe gebracht, die an der vorderen Seite der Kästen in passenden Zinkblechrahmen stehen, wo sie vor dem Umwerfen geschützt sind. Dieser Käfig hat eine grosse und zwei kleinere Abtheilungen und ist für die Zuchtthiere bestimmt. Für die Versuchsthiere sind in dem nebenliegenden Arbeitsraume mehrere grössere und kleinere Käfige an der Wand befestigt. Hier befindet sich auch ein Arbeitstisch mit Wandbrettern, ein Wasserbecken und ein geräumiger Futtertrog. Beide Räume werden beständig durch eine vorzügliche Ventilation mit frischer Luft versorgt. Im Winter kann geheizt werden.

5. Maschinenraum (No. 34). In diesem Raum, der zur Zeit nothwendig zur Aufbewahrung von Arbeitsgeräthen gebraucht wird, sollen später die Maschinen zur Transformation des elektrischen Stromes für den elektrischen Ofen aufgestellt werden. Auch ist noch genügend Platz für eine Linde'sche Kältemaschine vorhanden, wenn sich deren Anschaffung nöthig machen wird. Mit Rücksicht darauf ist bereits der Fussboden asphaltirt und mit einer Entwässerungsanlage versehen worden.

6. Waschraum (No. 43). Hier stehen ein grosser Kessel, in welchem das warme Wasser zum Scheuern zubereitet wird, und der bereits oben erwähnte Dampfsterilisator. Ausserdem werden in diesem Raume noch die Reserveballons für destillirtes Wasser aufbewahrt.

VIII. Hörsaal und Nebenräume.

Der Hörsaal (No. 13) ist zwischen die beiden Flügel des Institutes nach der Rückseite halbkreisförmig angebaut. Bereits unter Prof. Ostwald machte sich eine Erweiterung des Hörsaales nöthig, welche durch Zurücksetzen der Hinterwand und des Experimentirtisches erreicht wurde. Leider konnte der amphitheatralische Aufbau der Sitzreihen nicht auch auf die neuen Sitze erstreckt werden, da für eine weitere Erhöhung der entfernteren Sitze der Hörsaal zu niedrig war und ein Tieferstellen der vorderen Reihen und des Experimentirtisches ebenfalls nicht anging, weil die unter dem Hörsaal befindliche Luftheizung dieses hinderte. Die Heizanlage zwang sogar dazu, den Experimentirtisch zu erhöhen, um das Gefälle für die Wasserabflüsse über dem Boden zu gewinnen. Hierdurch ist das Wahrnehmen von Vorführungen, selbst für die Nähersitzenden, erschwert. Provisorisch wird diesem Uebelstand durch Anwendung von schräg gestellten Spiegeln, sowie durch Gestelle aus Milch- und Spiegelglas zur Gewinnung eines passenden Hintergrundes, abgeholfen.

Auch aus weiteren Gründen ist ein neues Auditorium dringend erwünscht. Der Experimentirtisch ist viel zu kurz, kann aber nicht verlängert werden, weil sonst die Zugänge zum Hörsaal versperrt würden. Aus Raummangel hat der Hörsaal kein besonderes Vorbereitungszimmer erhalten. Die benöthigten Präparate und Apparate sind in einem seitlichen Zimmer (No. 16) von 7 m Länge und 3,5 m Breite aufbewahrt. Die Mineraliensammlung musste Raummangels wegen im Korridor des Kellergeschosses untergebracht werden. An der Rückseite des Hörsaales befindet sich nach der Seite der Bibliothek ein Dunkelraum (No. 12), 3 m lang und 2,5 m breit, zur Aufnahme von Wandtafeln, Demonstrationsobjekten und des Projektionsapparates.

Von diesem Raum aus kann auf einen transparenten Schirm, welcher in der Verlängerung des Experimentirtisches aufgehängt ist, projicirt werden. Ausserdem lässt sich der Projektionsapparat in das Auditorium hinausschieben und dann kann man schräg über den Experimentirtisch auf einen an der Rückwand befestigten Reflexionsschirm projiciren.

Für Projektions- und andere Zwecke besitzt der Hörsaal Vitragen-Verdunkelung. Zur Beleuchtung des Hörsaales und seiner Nebenräume dienen elektrische Glüh- nnd Bogenlampen. Die zwei 10 Ampèrelampen des Hörsaales sind nach unten abgeblendet und werfen ihr Licht gegen die weisse Decke, so dass nur reflektirtes, schattenloses Licht nach unten gelangt.

Die Schaltvorrichtungen für die Bogenlampen, die Projektionslampe, den Starkstrom des Experimentirtisches, sowie für die Glühlampen zur Tafelbeleuchtung und das Dunkelzimmer sind neben dem Platze des Vortragenden in der Rückwand sehr bequem zur Hand. Auf dem Experimentirtisch steht auch der Akkumulatorenstrom zur Verfügung.

Erklärung der Räume.

 1. Diener- und Spülraum.
 2. Mechaniker-Werkstatt.
 3. Chemisches Praktikum.
 4. Assistentenzimmer.
 5. Chemikalienausgabe.
 6. Chemisches Praktikum.
 7. Chemisches Praktikum.
 8. Laboratorium des Direktors.
 9. Sprechzimmer des Direktors.
10. Bibliothek.
11. Garderobe.
12. Projektion.
13. Hörsaal.
14. Glaskammer.
15. Garderobe.
16. Sammlung.
17. Abort.
18. Waagenzimmer.
19. Destillirraum.
20. Altan.
21. Altan.
22. Analysenausgabe.
23. Assistent.
24. Pharm.-mediz. Praktikum.
25. Schwefelwasserstoff.
26. Elementaranalyse.
27. Toxokologisches Dunkelzimmer.
28. Photographiezimmer.
29. Physikalische Messungen.
30. Optisches Zimmer.
31. Bakteriologisches Zimmer.
32. Bakteriologisches Zimmer.
33. Vorratsraum.
34. Maschinenraum.
35. Privatkeller.
36. Vorratsraum.
37. Thierstall.
38. Thierstall.
39. Kohlenraum.
40. Bombenraum.
41. Durchgang.
42. Kistenraum.
43. Waschraum.
44. Privatkeller.
45. Abort.
46. Akkumulatoren.
47. Durchgang.
48. Lichthof.

Erklärung der Einrichtung.

 1. Abzugsschrank.
 2. Abzugsschrank mit Säureausguss.
 3. Akkumulatoren mit Schaltung und Widerstand.
 4. Ambos.
 5. Arbeitstisch.
 6. Aufzug.
 7. Blechbehälter für Alkohol und Äther.
 8. Bombenöfen.
 9. Brennholzständer.
10. Briefkasten.
11. Brutschrank.
12. Destillirtes Wasser.
13. Drehbank.
14. Eiskiste.
15. Eismörser.
16. Eisschrank.
17. Fernsprecher.
18. Futterkiste.
19. Garderobe.
20. Gebläsetisch.
21. Heisswasserapparat.
22. Hobelbank.
23. Holzgestell für Korb- [flaschen.
24. Kasten für Sand, Salz und Marmor.
25. Katheder.
26. Klingeltableau.
27. Natriumpresse.
28. Ofen.
29. Plattenpresse.
30. Projektionsapparat.
31. Projektionsschirm.
32. Regal für Chemikalien bezw. Reagentien.
33. Regal für Präparate.
34.   „   „   Apparate.
35.   „   „   Utensilien.
36.   „   „   Bücher.
37a. Schleifstein.
37b. Schmiedefeuer.
38. Schrank für Apparate.
39.   „   „   Präparate.
39a.   „   „   Mineralien.
40.   „   „   Utensilien bezw. Werkzeug.
41. Schreibpult.
42. Spülbrett.
43. Spültisch.
44. Starkstrom, 200 A. 220 V.
45. Heisswasser-Sterilisator.
46. Dampf-Sterilisator.
47. Heissluft-Sterilisator.
48. Tafel zum Belegen d. Schiess- und Verbrennungsöfen.
49. Thierkäfige.
50. Tisch.
51. Utensilien-Schränke für Mediziner.
52. Ventilator.
53. Verbrennungsofen.
54. Waage.
55. Wandtafel.
56. Spülbecken.
57. Wasserdestillirapparat, bestehend aus Dampferzeuger, Trockenschrank und Kondensationsapparat.
58. Wassergebläse nach Müncke.
59. Wasserniveau zur Schwachdruckleitung.
60. Waschkessel.
61. Werktisch.
62. Werkzeugbrett.
63. Widerstand für Projektionsapparat.

Erklärung der Zeichen.

- ▽ Wasserbecken.
- ⊠ Trockenschränke.
- ⊗ Elektrisches Bogenlicht.
- ⊗ „ „ Glühlicht.
- ⊶ Gasglühlicht.

Additional material from *Das neubegründete Laboratorium für angewandte Chemie an der Universität Leipzig* ISBN 978-3-662-38863-1, is available at http://extras.springer.com